我的自然生态图书馆

搜奇海龙宫

邵广昭　陈丽淑——著
张舒钦——绘

是呀！听说海龙宫里的
住客个个争奇斗艳，
咱们快去瞧瞧吧！

中国海域辽阔，拥有
一座既精彩又神秘的
海龙宫！

海峡出版发行集团 THE STRAITS PUBLISHING & DISTRIBUTING GROUP | 福建科学技术出版社 FUJIAN SCIENCE & TECHNOLOGY PUBLISHING HOUSE

【目录】

海龙宫的世界 4
海龙宫的住客 6

由浅到深认识海龙宫住客 10

海滨 10

族群庞大的河口住客 10
大快朵颐的红树林住客 14
潜沙钻洞的沙岸住客 18
耐冲耐旱的岩岸住客 22

近海 26

共享资源的珊瑚礁住客 26
昼伏夜出的珊瑚礁住客 30
光鲜亮丽的珊瑚家族 32
行踪神秘的沙泥地住客 36

大洋 44

快速敏捷的大洋住客 44
摸黑活动的深海住客 46
造型奇特的海底住客 48
活泼讨喜的鲸豚家族 50

神奇的海龙宫奥秘 54

揭开海龙宫奥秘的人 54
东深西浅的海龙宫 56
海洋对沿海地区的影响 58
海洋资源的应用 60
SOS！救救海洋！ 62

海龙宫变化多端，
由浅往深下潜，
可以见到九大区不同的环境，
现在每区各派一位代表，
你认识它们吗？
它们分别有什么特色？

你知道
我们千辛万苦
远游到河口产卵
的原因吗？
（8~11页）

嗨！
红树林是我最好的
家，想来见识我们
在这里的生活吗？
（12~15页）

我们行进
的方式很特别，
不同于其他的螃蟹喔！
欢迎来拜访我们，
你会找到满意
的答案！
（16~19页）

可别
小看我喔！
再大的海浪，
也没办法把我
冲走！你知道我靠的
是什么独门功夫？
（20~23页）

我们是
海洋的美艳一族，
我的左邻右舍个个比美
竞艳，你知道
为什么吗？
（24~33页）

找到我
了吗？想想看沙泥地
其他住客还有什么避
敌、捕食的绝招？
（34~37页）

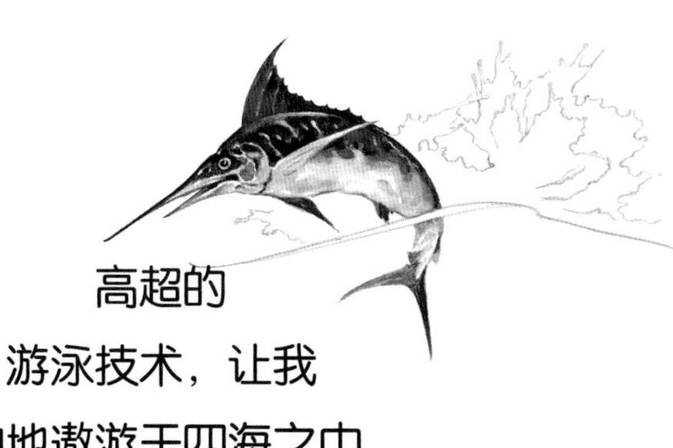

高超的
游泳技术，让我
自由地遨游于四海之中，
想来领教一下吗？
（38~39页、44~45页）

深海
又黑又冷，有食物吗？
怎么传递信息？让我帮你
点个灯，让你瞧个
仔细！
（40~41页、46~47页）

不要奇怪
我怎么有“脚”，
海底其他的住客更奇怪
呢，想认识吗？
（42~43页、48~49页）

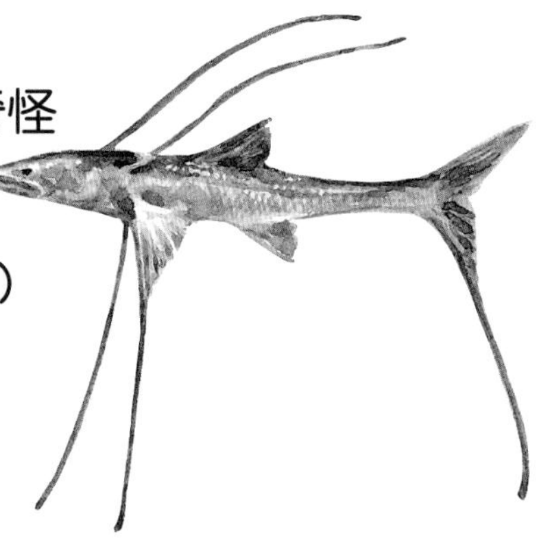

作者及绘者简介

【作者简介】
邵广昭
生于基隆，台大动物系毕业，美国纽约州立大学石溪分校生态与进化系博士。专攻鱼类系统分类、生态、演化及资料库，在国际学术期刊发表论文百余篇，出版过《海洋生态学》等专著。曾获得杰出研究奖、十大杰出青年及金鼎奖等多项荣誉。现任研究院动物所研究员兼所长，同时在多所大学研究所授课。

【作者简介】
陈丽淑
生长于台北，从小随父母在海边戏水弄潮、抓虾摸鱼。文化大学海洋系生物组毕业，澳大利亚詹姆士库克大学海洋生物系博士，专攻珊瑚礁生物生态与保护。现任职于海洋科技博物馆筹备处研究规划组，负责展示规划、出版业务及推广教育，也研究鱼类生活史。

【绘者简介】
张舒钦（权德）
出生于基隆，毕业于日本武藏野美术大学（前帝国美术大学）油画科，后任教于基隆二信中学广告设计科。现为专业画家，从事艺术创作。认为一生当中最伟大的艺术作品就是一对可爱的子女。

海龙宫的世界

中国地处太平洋西岸，从我们熟悉的沙岸、岩岸，一直到开阔浩瀚的海域，都属于中国“海龙宫”的范围。这个奇特的世界，景观相当多样，一起来看看吧！

东部及东北部沿海多为沙岸，从这里向下潜，可以看见大片的浅海沙泥地。至于东南沿海则以岩礁地形为主，且海底地形相当陡峭，深可达3000多米呢！此外，南部岛屿附近拥有美丽的珊瑚礁，更是中国海龙宫最迷人的地方！

红树林 （见12~15页）

主要分布在广西、广东、台湾、海南、福建和浙江南部沿岸，这里有适合红树植物生长的泥滩环境，不仅是海洋生物的栖地住所，同时也有陆生动物生活其中。

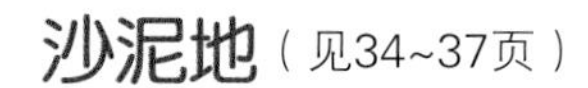

沙泥地 （见34~37页）

近海的沙质滩地，平均深度只有60米，常为渔场所在地。

沙岸 （见16~19页）

主要分布在河北、江苏两省沿岸。是沙粒堆积成的海岸，岩性松散，岸线平直，常成为海水浴场及度假胜地。

珊瑚礁 （见24~33页）

珊瑚生物聚集生长的浅海域环境，有“海洋中的热带雨林”之称。中国的珊瑚礁主要分布在台湾岛、海南岛和南海诸岛。

岩岸（见20~23页）

主要分布在辽宁、山东、浙江、福建和广东沿岸。为岩礁盘踞的海岸，水深湾阔，岸线曲折，常作为渔港兴建地。

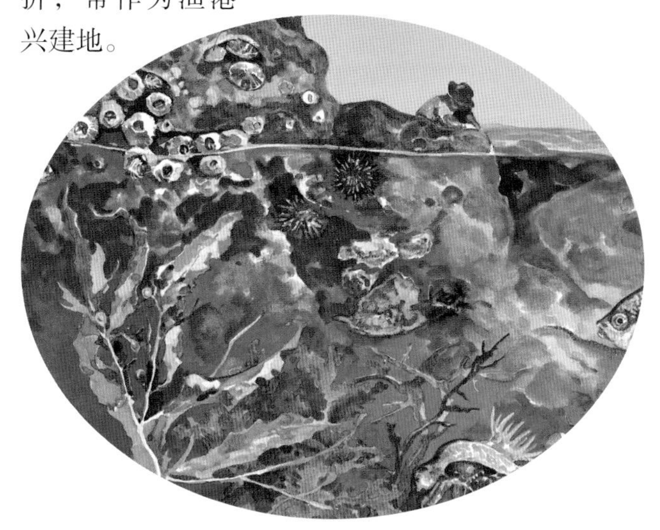

大洋表层（见38~39页、44~45页）

远离陆地，在200米深度内的大洋环境，日照充足，海洋生物在海水中悠游。

深海（见40~41页、46~47页）

200到3000米深的大洋世界，水压强大，光线无法透入，整个环境一片漆黑，分布在东南部海域。

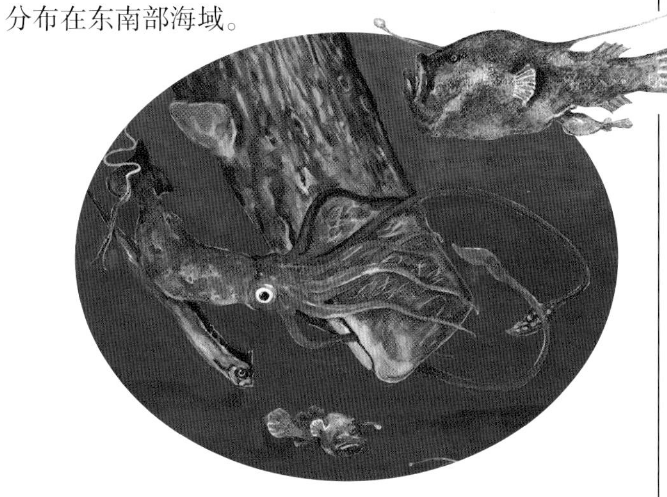

河口（见8~11页）

这里是河流与大海的交界地带。在中国海岸线上有大小不同类型的河口1800多个。

深海海底（见42~43页、48~49页）

3000到11000米深的海洋底部，底质多为软泥，分布在南部海域。台湾岛位于两个板块交界处，已发现有深海热泉环境。

海龙宫的住客

海龙宫环境多样，加上又有日本暖流经过，带来许多赤道热带海洋生物，所以在这海龙宫里，可是住客多多、热闹非凡呢！

这里的住客和陆地上的大为不同，从肉眼看不见的浮游生物，到各式各样的鱼类、棘皮动物，甚至比人还大的海豚、海龟，应有尽有。物种种类多达全球的十分之一，如珍贵的珊瑚，全世界有2500多种，在我国的海疆里就可欣赏到250种喔！

浮游生物

分为浮游植物和浮游动物，前者如蓝藻、硅藻等，后者有桡足类、海洋生物的幼体。它们十分微小，有些甚至肉眼都看不见，不过却是海龙宫里制造养分或作为饵料的重要角色。

虾幼体　蓝藻　硅藻

腔肠动物

水母、珊瑚、海葵3类生物的体内有一空腔，故被通称为“腔肠动物”。此外，因触手中有刺细胞，所以又称“刺胞动物”。

海葵　水母　珊瑚

海藻类

主要分为绿藻、红藻和褐藻。为大型的海洋藻类，含有叶绿素，可以进行光合作用，制造能量和氧气。

马尾藻

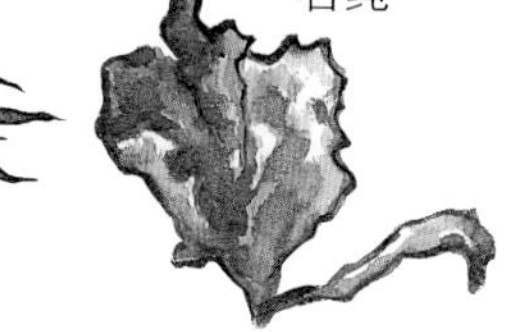

石莼

环节动物

沙滩里的多毛类因身体像蚯蚓一样一节一节的，故被归为此类。

旋鳃管虫

沙蚕

海绵动物

深海里的玻璃海绵便是这个家族的成员，它们的结构相当简单，体壁由两层细胞构成，上有许多小孔，因此也被称为“多孔动物”。

玻璃海绵

海绵

海龙宫食物链

海龙宫住客彼此关系密切，构成一个大鱼吃小鱼的食物链。这样的关系里主要有5个主角——生产者、初级消费者、次级消费者、高级消费者、分解者。这些角色各司其职，维持整个海龙宫生态环境的动态平衡，如果其中一个主角消失，便会造成失衡的现象。

阳光：为海洋住客主要的能量来源。

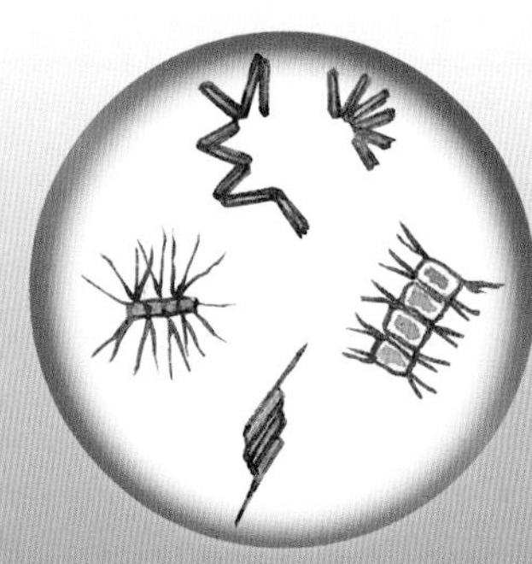

生产者：包括藻类等海洋植物，负责将太阳能转换为海洋住客能够利用的能量。

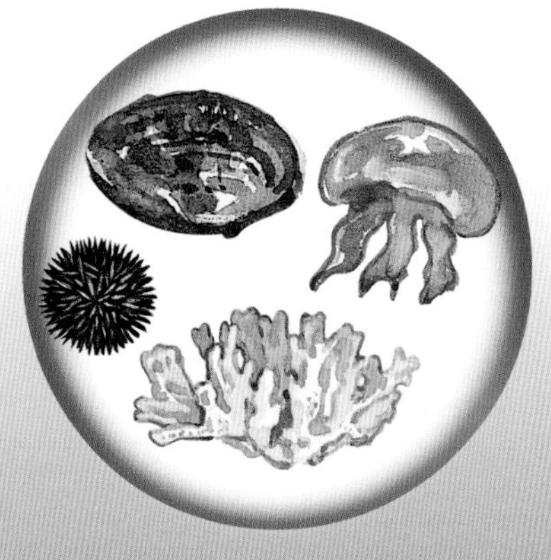

初级消费者：包括浮游动物、贝类、珊瑚、海胆及草食性鱼类等，以生产者为主要食物。

次级消费者：包括海葵、多毛类、藤壶、牡蛎、滤食性鱼类等，以初级消费者为主要食物。

软体动物

俗称的贝类。除了一些带有贝壳的“贝类”外，乌贼、章鱼等也是这个大家族的一员。

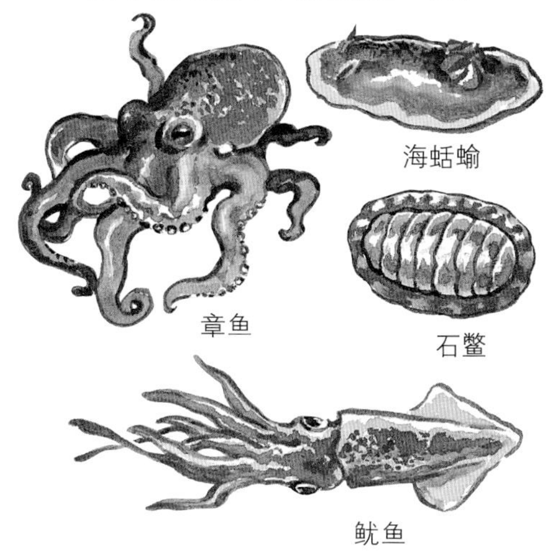

鱼类

全世界有25000多种，其中生活在海龙宫的多达15000种。中国目前记录到的鱼的种类共有3000多种。

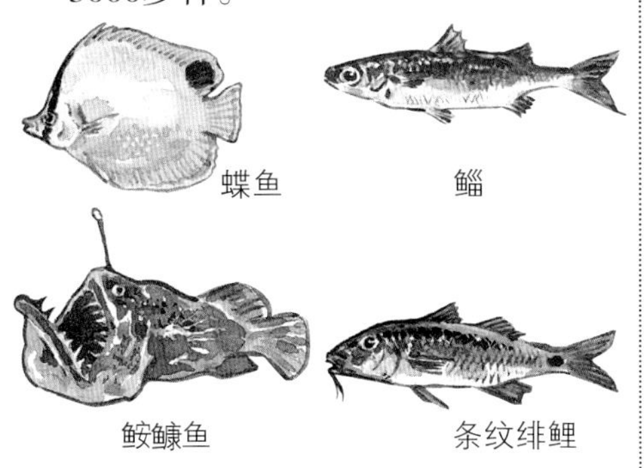

星虫动物

头小体胖的星虫自成一类。它们一般住在洞穴中，靠触手捕食。

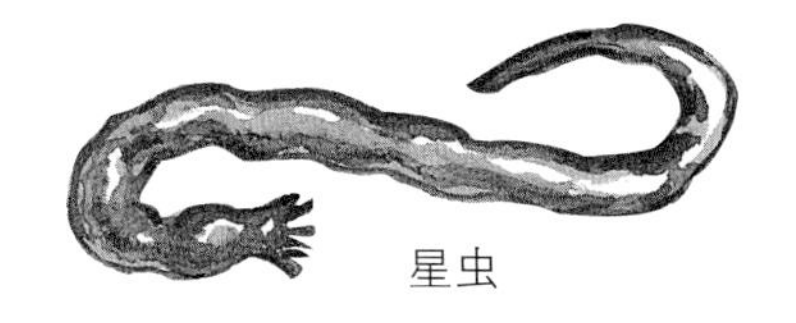

棘皮动物

海胆、海参、海星、阳隧足等，身体结构对称，有坚硬的外壳及棘状突起，故归为此类。

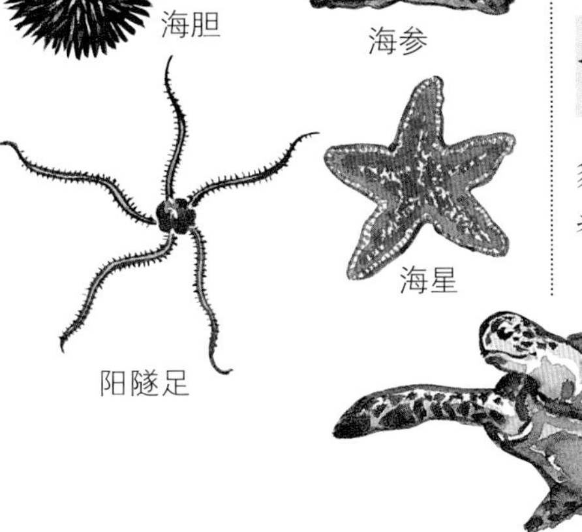

甲壳动物

螃蟹、藤壶、寄居蟹等，具有坚硬的外壳，所以称为“甲壳动物”，其身体可分为头部、胸部及腹部，有时头部和胸部也会融合成一个头胸部。

爬行类·哺乳动物

海龟为爬行类，海豚、海豹等为海洋哺乳动物，均是海洋脊椎动物。

海龟

海豹

海豚

高级消费者：包括肉食性或杂食性鱼类、海豚、海鸟、海龟等，以次级或更高层的消费者为主要食物。

分解者：包括各种细菌、真菌等微生物，将海洋生物的排泄物或尸体加以分解形成可供生物利用的营养物质。

白鳗
鲻
非洲鲫鱼
贪食沼虾
字纹弓蟹

淡咸水交界的河口

河水奔流向海，到了河口流速变缓，挟带的泥沙和养分逐渐沉淀，因而堆积出一大片的泥滩湿地！

这里盐度变化大。涨潮时海水灌入，盐度升高，退潮时河水流出，盐度降低，像是一场永不休止的拔河比赛。这里能够适应的生物不多，不过相对而言天敌也较少，所以这里的生物常会形成数量庞大的族群。

族群庞大的河口住客

河口环境拥有丰富的有机质，掠食性的大型生物也少，所以是许多生物孵育幼苗最舒适、安全的摇篮！

其中有些生物远从大洋游到河口产卵育幼；有些则溯回河流上游产卵，幼苗再顺流而下到此生长，这些生物便是所谓的“洄游生物”，如白鳗、花鲈、字纹弓蟹、石斑等，数量相当丰富，也因此让这里成了水鸟等许多动物觅食的乐园呢！

白鳗的一生

每年秋冬，白鳗从河流游到大海产卵，属于“河海洄游生物”。幼鳗孵出成叶片状，在大海中行浮游生活，等到1~2年变成全身透明的线状幼苗，才顺着日本暖流来到河口生长，长成成鳗后再溯河而上。

白鳗　全长 60 ~ 90 厘米

生活在河流中下游沙泥地中。繁殖季时到海中产卵，每年冬天，沿岸渔民捕捞的“鳗线”便是白鳗的幼苗，是很重要的渔业资源。

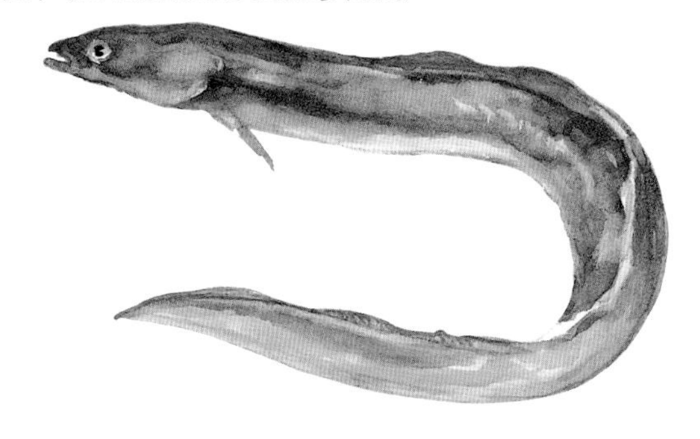

鲻　全长 30 ~ 50 厘米

又称“乌鱼”。冬至前后，成群乌鱼自北部沿海南下，到台湾海峡产卵，之后再向北洄游至北部沿海，等待下一季产卵期来临。孵化的幼鱼俗称“乌仔鱼”，会移到河口生活，常成群在水面或浅水处进食底层有机碎屑、藻类和小型动物。

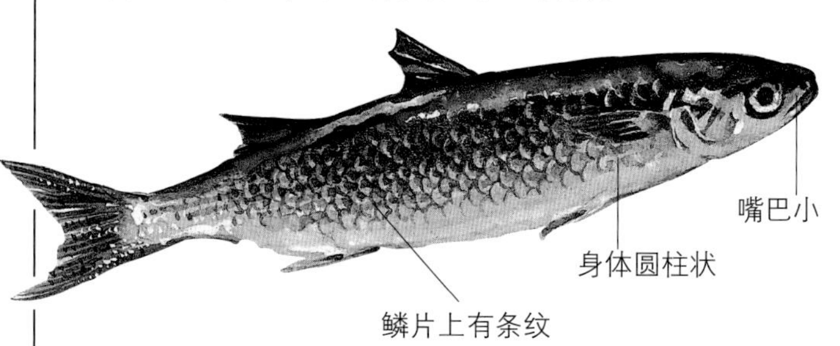

字纹弓蟹　背甲宽 6 厘米

背甲上有一明显“H”形沟，因而得名。成蟹生活在河川中上游，繁殖季时会降海产卵。从卵孵化一直到幼体阶段都在海里生活，等到长成幼蟹才开始成群溯河定居。

乌鱼有信，年年到来

千百年来，乌鱼每年冬天都十分守信洄游到台湾海峡来，所以渔民称它为“信鱼”。此时捕获的母鱼有着丰富的鱼卵，做成的乌鱼子相当美味！

双边鱼　全长 3 ~ 6 厘米

又称“玻璃鱼”或“大目侧仔”。常成群游动，捕食小型甲壳类。对稍微污浊的河口环境还能忍受，不过如果污染太严重，它会迁移至别处生活！

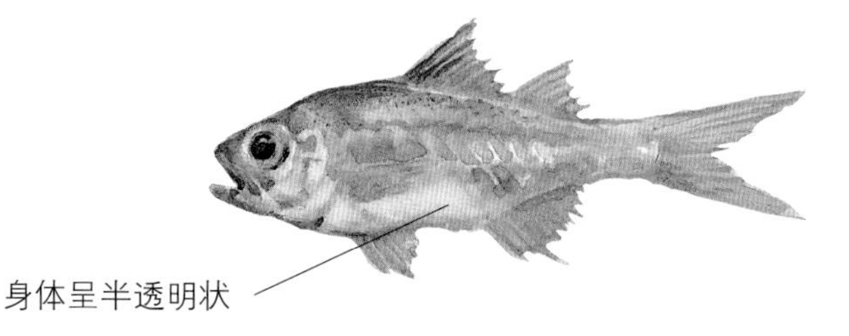

细鳞鯻 全长可达 32 厘米

又称“花身鸡鱼”，由于会发出声音，所以称为“鸡鱼”。对盐度适应范围广，耐污染，有时还会游到河川中下游觅食，小型鱼、虾和底栖动物都是它的最爱。

非洲鲫鱼 全长 15～20 厘米

又称“慈鲷”，属于口孵鱼的一种，亲鱼会把受精卵含在口中孵化。原产非洲，由于不太挑食、适应力和繁殖力强，引进后广见于溪流中下游至河口地带，抢夺许多原生鱼种的地盘，造成原生鱼种族群的消失。

日本秃头鲨 全长 7～13 厘米

头部光滑无鳞，又称“和尚鱼”。靠着腹部的吸盘吸附在溪流岩石上，啃食附着的藻类。繁殖季时便上溯到离河口远达数十公里的上游地区产卵，孵化后幼苗会顺流漂到河口成长。

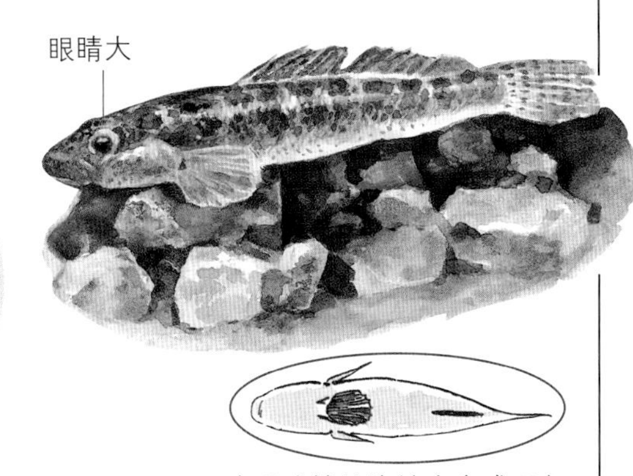

日本秃头鲨的腹鳍愈合成吸盘

贪食沼虾 全长可达 18 厘米

俗称“过山虾”，中国最大型的淡水虾类。成虾生活在河川中上游，繁殖期雌虾会到河口产卵。孵化的幼体行浮游生活，经过 10 多次蜕皮，慢慢变成行底栖生活的幼虾后，便向河川上游移栖。

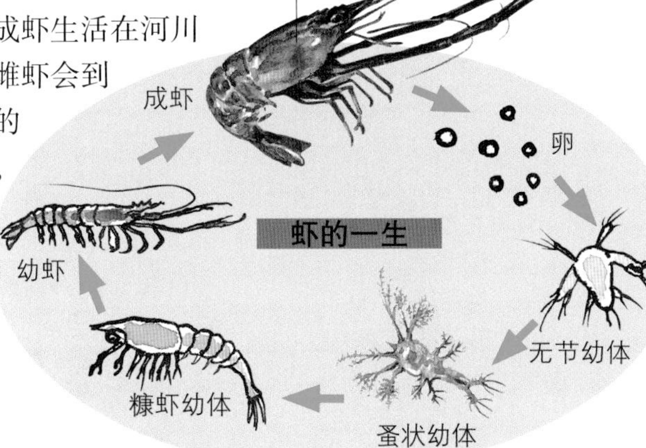

金钱鱼 全长 5～15 厘米

又称“金鼓鱼”。常常成群在河口附近的岩块、堤防等区域活动，以小型鱼类、甲壳类以及多毛类等为食。

日本绒螯蟹 背甲宽 6 厘米

螯脚密布绒毛，俗称“毛蟹”。主要栖息于中上游河床上的石缝间，秋天时游到河口地区产卵。孵化的幼体和成蟹模样差异很大，经过数次蜕壳，才会变成我们所熟悉的“螃蟹”，并慢慢移回河川生活。

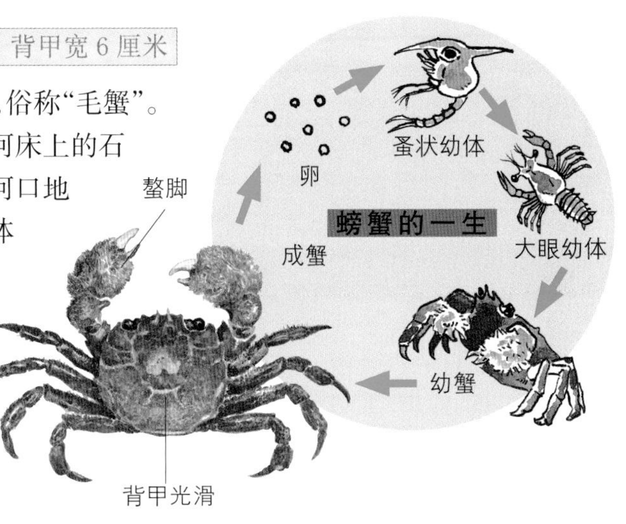

粗纹玉黍螺
烧酒螺
清白招潮蟹
大弹涂鱼
弹涂鱼
血蚶

海岸绿洲的红树林滩地

河海交界的泥滩地上，红树植物成功地在这半咸半淡的环境中扎根、成林。它们用根茎“抓住”每一颗流动的泥沙和有机物质，并且堆积溪流带来的营养成分和红树掉落的颗粒碎屑物，同时潮汐不断携来各种海洋生物。因而红树林下的湿地较一般河口更泥泞、营养成分更高，加上隐密场所多，来这里生活的生物不但数量多，种类也更多样！

大快朵颐的红树林住客

红树林就像海岸线上的绿洲，提供食物与栖息环境，吸引了许多生物到这里定居、觅食！

有靠滤食为生的贝类家族，努力吸取泥沙中的营养。有造型奇特的弹涂鱼，靠一身离水的功夫在泥滩地上求生存。还有挥舞大螯的招潮蟹也是这里的熟面孔，大螯上密密麻麻的突起，好像一颗颗泥粒；此外，它们在滩地上精心建造的房舍，更是这里的特殊景观之一！

背鳍灰褐色，有浅蓝色小斑点

大弹涂鱼　全长 15 厘米

又称“花跳”或“星点弹涂”，外形比弹涂鱼大，而且不像弹涂鱼那么耐旱。跳跃或示威时会把背鳍和臀鳍竖起来，十分有趣。

血蚶　壳宽 5 厘米

身体富含血红素而呈现红色，因而得名。喜欢在浅水域的泥滩地生活，又称“泥蚶”。主要以水中有机碎屑、浮游生物及藻类为食。

外壳黄褐色

放射肋深而明显

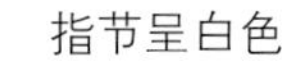

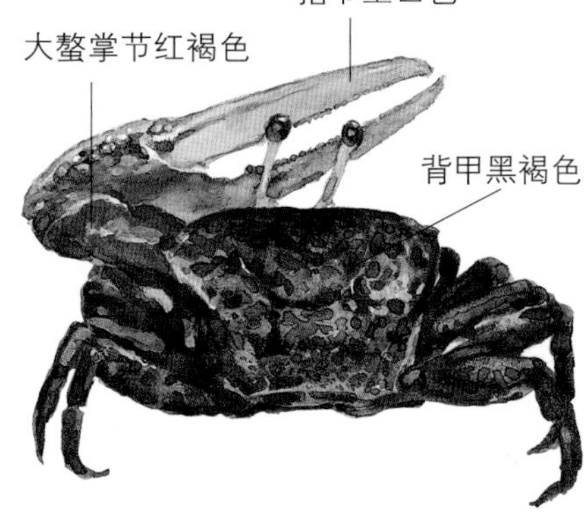

清白招潮蟹　背甲宽 2 厘米

又名“白扇”招潮蟹。喜欢在沙质滩地活动，洞口四周常有粒状拟粪。背甲颜色会随海水涨退而变化，可从纯白转至灰黑，十分特别。

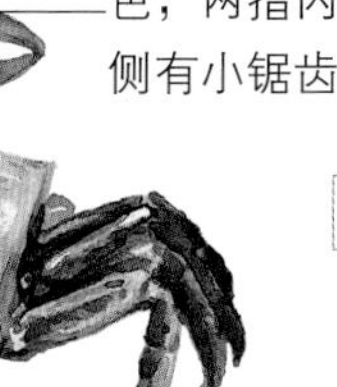

北方呼唤招潮蟹　背甲宽 3 厘米

雄蟹大螯为鲜艳黄色，所以又叫“黄螯”招潮蟹。喜欢成群在高出退潮水面 5 ~ 10 米的岸边挖洞居住。

台湾招潮蟹　背甲宽 4 厘米

台湾特有种螃蟹，螯脚形状像把大剪刀。常在高潮线附近活动、筑巢；相当机警，一遇危险马上躲入洞内。

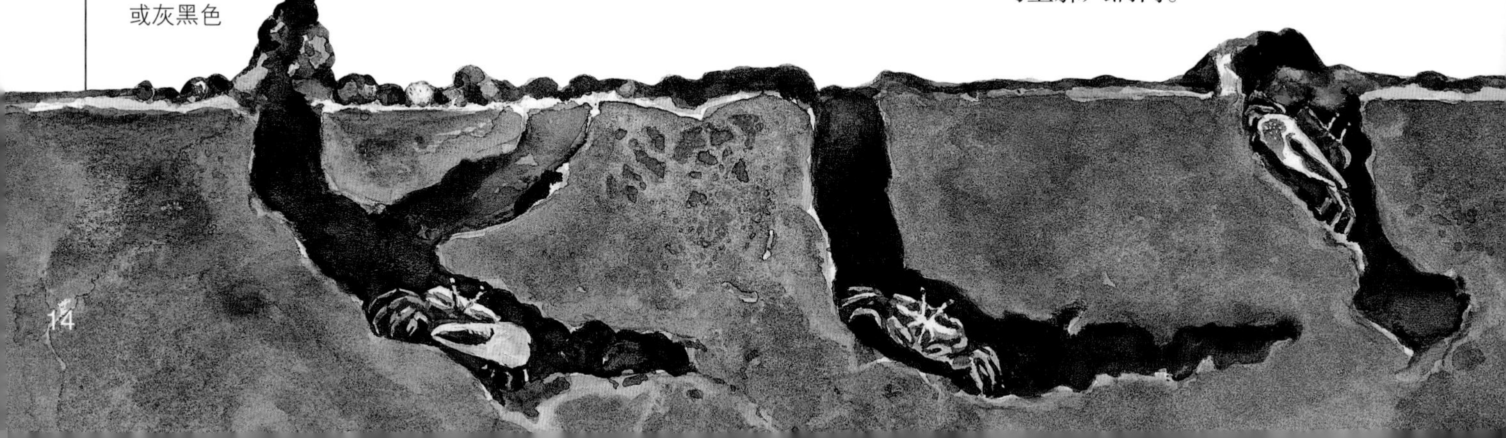

弹涂鱼 全长6厘米

一种可以离水生活的“鱼”，常会爬到岩石或树干上，所以又称“泥猴”、“石贴仔”。靠躲在泥地中，只露出眼睛，避免水分散失和防范天敌。

灰褐色，有黑色小斑点

看！弹涂鱼如何离水生活

一般鱼类多在水里生活，而弹涂鱼却能靠着一身的本领，暂时离水生活，增加自己生存的空间。

眼睛：突出，躲藏在地下时可露出观察四周。

外表：灰褐色，布满黑色斑点，是在滩地活动最好的保护色。

呼吸：鳃退化，靠着富含微血管的口腔及鳃腔内的囊包进行呼吸。

胸鳍：特大，可在泥地及红树上爬行。

皮肤：湿润，可帮助离水后呼吸。

烧酒螺 壳宽3厘米

常以酒烧煮来吃，因而得名。以腐化的植物碎屑为食，涨潮时也会爬到红树上休息。泥滩地上常可观察到它们爬行过的痕迹。

粗纹玉黍螺 壳宽2厘米

红树林最常见的贝类，涨潮时常爬到秋茄树的枝叶上休息，可以适应盐度变化大的环境。

表面有粗颗粒螺肋

颜色多为黑褐色，有灰白色环

外壳坚硬，头宽尾细，呈长圆锥形

弧边招潮蟹 背甲宽3厘米

背甲边缘为弧状，因而得名。因为背甲上有深色网状花纹，又称“网纹招潮蟹”。喜欢在泥泞滩地上搭建火山状的洞穴。

大螯掌节橘红色，密布疣状的颗粒

全身褐色

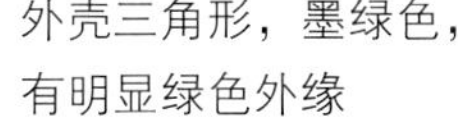

翡翠贻贝 壳宽8厘米

又名“孔雀贻贝”“淡菜”“青口”。靠足丝附生在竹竿或树干底部，退潮时紧闭双壳，减少水分散失；涨潮时张开双壳，滤食水流里的浮游生物。

足丝

外壳三角形，墨绿色，有明显绿色外缘

有趣的招潮蟹家族

招潮蟹是红树林的明星住客，它们在滩地上不断挥舞着大螯，像在招唤潮水般，因而得名。主要以泥滩中的碎屑有机物为食，不仅填饱了肚子，也帮红树林“扫除脏乱”，可以说是相当尽职的清道夫。来看看这群住客有什么特别之处！

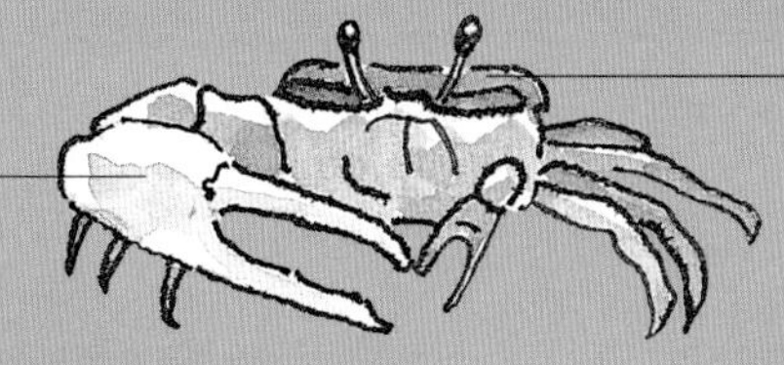

螯脚：公蟹的螯一大一小，大螯除了用来打架，还能吸引母蟹并警告其他公蟹。

外壳：多为灰褐色，可以保护自己避免被敌人发现。

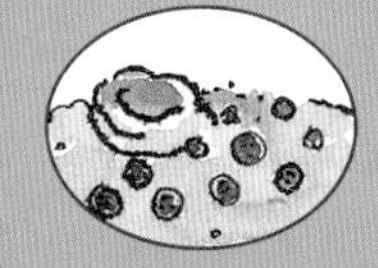

洞穴：涨潮或敌人攻击时快速躲入洞穴，有的招潮蟹还会用泥巴盖住洞口。

拟粪：一颗颗像“粪便”，这是招潮蟹滤食沙泥屑中的养分后，所吐出的沙泥残渣。

短趾和尚蟹
痕掌沙蟹
沙虾
西施舌
海瓜子蛤
红点黎明蟹
缨鳃虫
矶沙蚕
星虫
文蛤
海钱

平坦辽阔的沙岸

沙岸是海龙宫与陆地的另一道边界，到了夏天，这里便成了人们戏水消暑的好去处。

一片平坦广阔的景象中，常见螃蟹“横行霸道”地四处奔跑，偶尔才有一两只海星点缀其中。不过，如果你拿把铲子在沙滩上挖个坑，可以发现原来沙滩里还躲着许许多多的海洋住客呢！

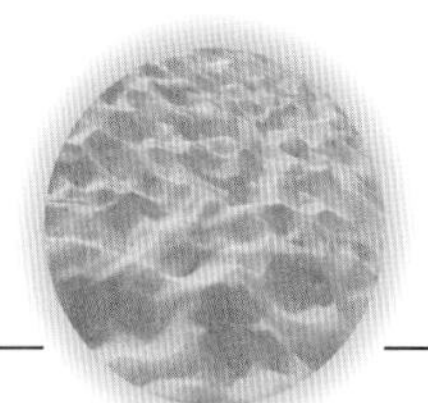

潜沙钻洞的沙岸住客

平坦的沙滩是沙岸住客最好的运动场，不过因为一望无际，容易被敌人发现，所以与沙滩颜色相近的外表，便是它们最好的保护。此外，这些住客还个个都是潜沙钻洞的能手。有的在涨潮或遇到敌人时钻到沙里躲藏；有的干脆在沙中盖个房子，长期住在里面，等着捕食潮水带来的丰富的浮游生物。现在就让我们剖开沙地瞧瞧这些住客真正的模样吧！

飞白枫海星 全长 6 厘米

有 5 只腕足，像海滩上掉落的星星。再生能力强，腕足断掉可再长出。行动缓慢，主要以沙地上死掉的鱼类、甲壳类和沙蚕为食。

短趾和尚蟹 背甲宽 2 厘米

背甲隆起，光光圆圆的像极了小和尚的光头。不像其他螃蟹“横行霸道”，而是常成群在沙滩上快步直行，行进与转弯就像军队出操般迅速准确，故又称“兵蟹”。

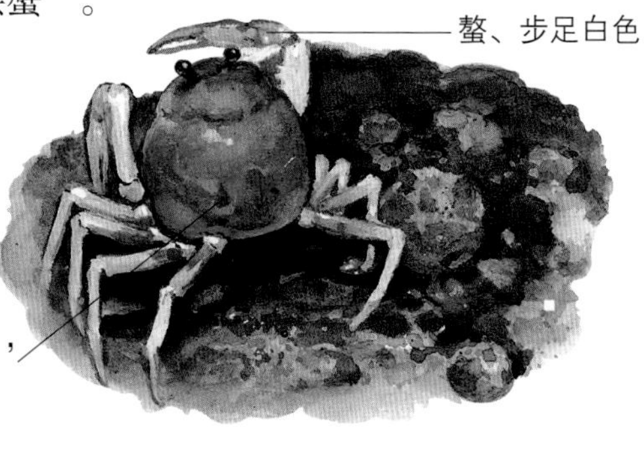

❶文蛤 壳宽 4 厘米

别称“粉蛲”或“蚶仔”。常侧身潜埋在泥沙之中，露出进、出水孔。为常见的食用贝类，当年清乾隆皇帝下江南时品尝后，觉得美味无比，御封为“天下第一鲜”！

沙虾 全长 10 厘米

从浅海到 100 米深的海底，都可见其踪迹。白天时浅海附近的沙虾会潜伏在沙中，因而得名。又称“刀额新对虾”，是目前常见的养殖虾种。

鲎 全长 30 厘米

又称“马蹄蟹”。四五亿年前便已出现在地球上，比恐龙还早出现，因此有“活化石”之称！喜欢在沙泥底质的浅海域中活动，会钻入沙中潜行。夜晚时会上岸捕捉底栖生物，等到下次涨潮时才回到海里！

鲎的一生

农历五到八月，大潮之时，鲎会在黄昏时集体上溯至浅沙洲交配、产卵。孵出的幼鲎在岸边生长，成熟后才移往大海生活。

沙蚕的地下住家

沙蚕身上有很多刚毛，故又称“多毛类”。为沙滩主要的底栖生物族群，是许多鱼虾贝蟹类的食物来源。种类多样，有的可以在沙泥里自由钻动，有的会在沙中筑穴，有的则干脆筑个U形或一字形的管子长期居住。

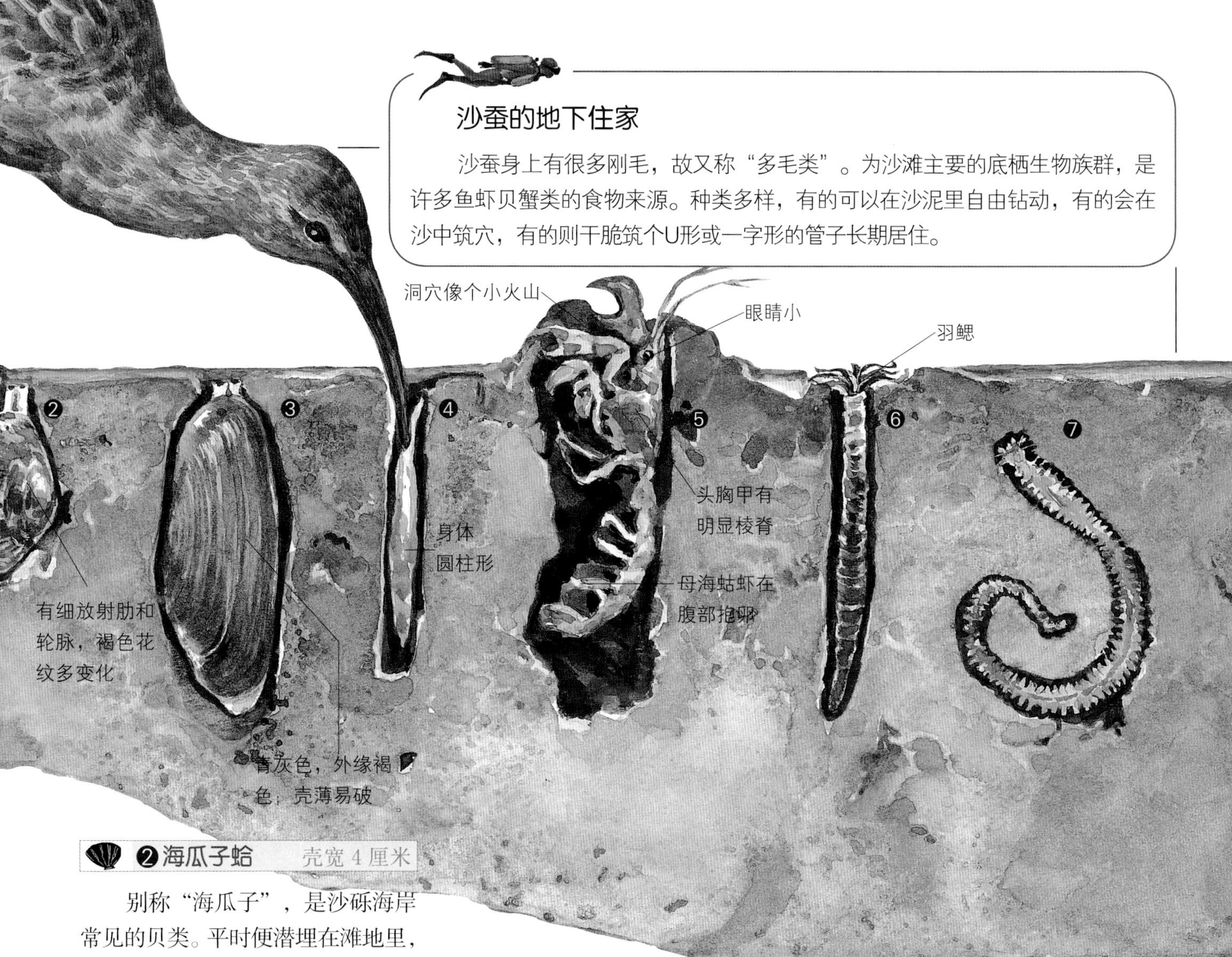

❷海瓜子蛤　壳宽 4 厘米

别称“海瓜子”，是沙砾海岸常见的贝类。平时便潜埋在滩地里，伸出水管到外面，进行呼吸及滤食水中的浮游生物。

❸西施舌　壳宽 7 厘米

又称“沙蛤”，长长的外壳很好认。会直立潜埋在泥沙中，将可伸缩自如的水管伸到滩面呼吸，并滤食浮游生物。

沙鮻　全长 25 厘米

俗名“沙肠仔”。沙岸常见的鱼类。一遇到危险，便潜沙躲藏，因而得名。杂食性，主要以沙蚕以及虾蟹幼体为食。

❹星虫　全长 5～10 厘米

前端的吻部及触手可以伸缩，钻洞能力强，受惊时能迅速地缩入洞穴内。以泥沙中的有机物质为食。

❺海蛄虾　全长 5 厘米

喜欢在泥沙地挖洞而居，每一个洞只有一只栖息。平时多躲在洞穴里，只有觅食时或夜晚才出来活动。

❻缨鳃虫　全长 5 厘米

住在膜状的管子中。羽鳃颜色多彩，用以滤食浮游生物。

❼矶沙蚕　全长 7～10 厘米

可自由在沙砾间钻来钻去，有的会在沙中筑穴。

海钱　直径 5.5 厘米

圆圆的外形，像是掉在沙滩上的钱币，因而得名。平时潜伏在沙中活动，以有机碎屑为食。

嘴部尖长
腹部近白色
体呈细长圆柱形

外形扁平，呈五角形
身上灰绿色，被覆绒毛状短刺

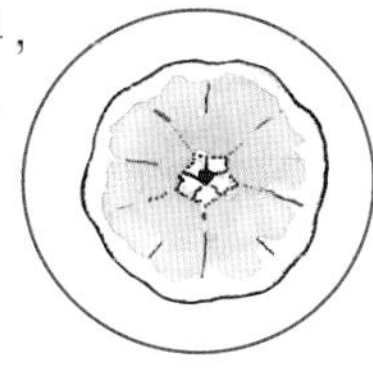

藤壶
笠螺
海胆
牡蛎
海兔
石花菜
马尾藻
寄居蟹

生气蓬勃的岩岸

岩岸的礁石经年累月受海浪冲击，被雕塑成奇形怪状的景观，为生物提供了许多可以躲藏、栖息的地方，而丰富的海藻更成为它们基本的食粮。因而这里吸引了比沙岸还丰富多样的海洋生物。

这里是最佳的海岸教室，除了认识各种生物有趣的造型，还能学习到这些生物适应岩礁海岸环境的独门功夫！

耐冲耐旱的岩岸住客

岩岸不像沙滩那么平坦，受海浪冲击也较大，想在这里讨生活，就得有一身适应波浪冲击的本领！有的生物终生固着在礁岩上；有的生物具有扁平的外形，可帮助减弱波浪冲击的力量。此外，岩礁间的潮池，也是这些住客最好的“避浪港”，而且当潮水退去时还会积水，许多生物会躲在里面避旱、避敌，这是观察岩岸住客的最好地点呢！

海参　全长 25 厘米

身体柔软，行动缓慢，所以有些海参发展出特殊的御敌方式：排出有毒的白色黏丝，或是自割消化道并排出供掠食者食用，自己借机逃走。

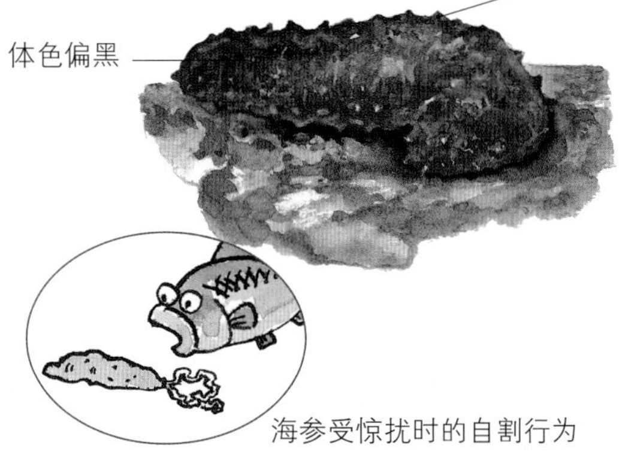

海参受惊扰时的自割行为

❶笠螺　壳宽 2～5 厘米

斗笠状的外形，可分散海浪冲击的力量。强壮的腹足能紧抓礁石，避免被潮水冲走，干旱时还能防止水分流失。以岩礁上的微细藻类为食！

❷藤壶　壳宽 1～3 厘米

别称“石疥”，常被误认为贝类，其实是螃蟹的近亲。紧紧地附着在礁岩上，想扒下来可没那么容易。退潮时会紧闭外壳，减少水分散失；涨潮时才伸出羽状的附肢，滤食水中浮游生物。

藤壶利用羽状附肢滤食

背板有4片

裂片石莼　长可达 1 米以上

绿藻的一种，为草绿色不规则带状皱褶裂片，常被人们采来食用或作为肥料。

马尾藻　长可达 60 米以上

褐藻的一种。藻体上像气球的浮囊，称为“气囊”，涨潮时能使藻体迅速浮起。

气胞

垂直分层生长的海藻

生长在岩岸的海藻有垂直分层生长的现象，其中绿藻多生长在高潮线附近，红藻和褐藻则多在低潮线附近才能发现。

这些藻类靠着固着器固定于礁岩上，加上可以忍受大量的失水，所以数量相当丰富。餐桌上好吃的“海菜”便是取材自此。

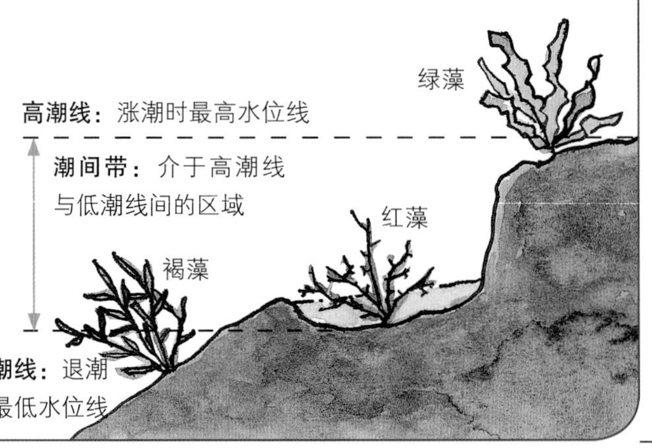

海兔的卵块像面条

③海兔　全长 10 厘米

因静止时像坐着的兔子而得名，是贝类的亲戚，但外壳已退化，只剩柔软的躯体，靠着分泌具有麻醉作用的紫色液体自保。

体色变异大，呈黄棕至褐色，有许多线纹

触角

贝壳扁平

外壳由8块壳板叠成，可活动

外形会因附着的位置而依势成形

刺棘尖细，具有毒性

身体灰蓝色，带灰褐色斑纹

身体中间称中央盘，口在身体下方

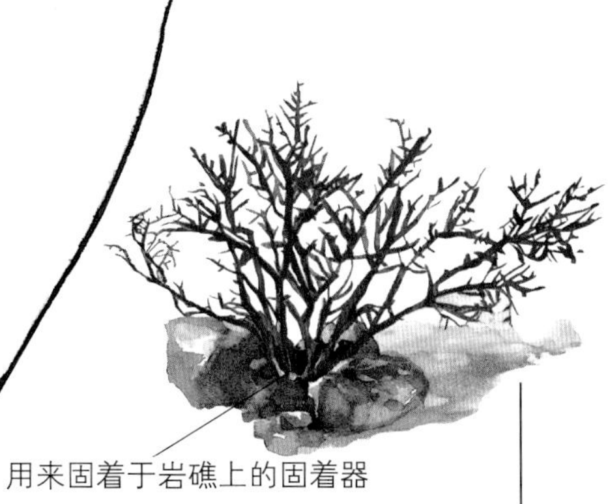

用来固着于岩礁上的固着器

石花菜　长 7～15 厘米

红藻的一种。藻体丛生，分枝纤细呈羽状，为暗紫红色。含有丰富的藻胶，晒干后，烹煮成果冻状，是夏天退火的最佳食品！

④石鳖　壳宽 3～5 厘米

一种古老的贝类。动作缓慢，停下来时会用强壮的腹足紧抓岩石，加上可以忍受失水达自身体重的 75%，耐潮耐旱功夫相当了得。

⑤牡蛎　壳宽 3～5 厘米

靠着外壳固着在岩礁上，涨潮时吸取海水滤食浮游生物；退潮时，会将水分喷出。现多在河口地区养殖生产，蚵仔煎里鲜美的“蚵仔”便是牡蛎。

寄居蟹　甲长 5 厘米

虽然号称螃蟹的亲戚，却没有螃蟹那样坚硬的外壳保护自己，所以从小到大四处捡拾适合的贝壳为家。

⑦海胆　体壳直径 10 厘米

喜欢躲在岩礁洞隙中，靠着管足上的吸盘紧紧吸住岩石。特别的是，受到攻击时会像刺猬般将棘刺撑开卡在洞穴中，以免被敌人拖离，棘刺可达 15 厘米长。

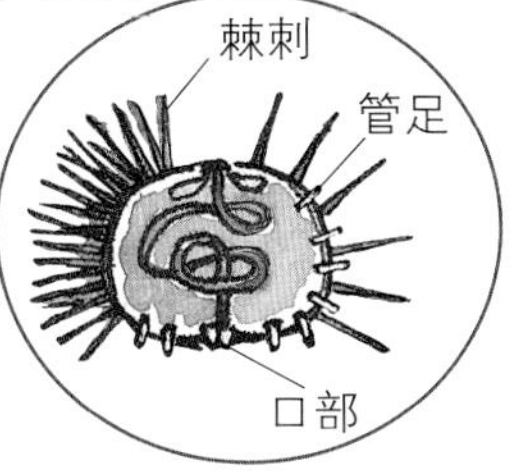

海胆的身体结构

⑥阳隧足　口盘宽 1 厘米

别称“海蛇尾”。5 条像蜈蚣一样细长的腕足，腕长可达 60 厘米，可以用来捉取碎屑或浮游生物。日间喜欢躲在石头下或岩缝中，夜晚才外出活动。

阳隧足的口部

寄居蟹找家步骤

❶壳太小了

❷找到适当大小的新家

❸赶快占据、躲入

五彩缤纷的日间珊瑚礁

珊瑚礁是海龙宫中最美丽、生命力最旺盛的地方。这里光线充足，藻类生长茂盛，食物丰富，又有许多洞穴可供躲避、栖息，吸引了形形色色的生物来此共同生活。

白天，阳光穿过海面，照进珊瑚礁世界里，各式各样五彩缤纷的生物一览无遗，难怪这里又被称作“海中的热带雨林”。

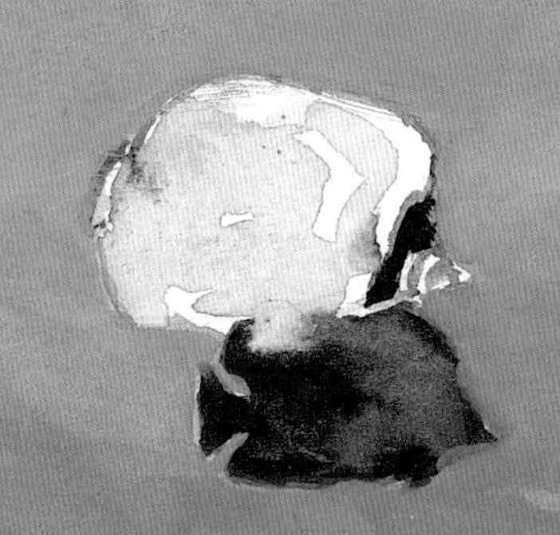
太平洋真雀鲷
石斑鱼
蓝带裂唇鲷
金花鲈
小丑鱼
砗磲贝
海葵

近海

共享资源的珊瑚礁住客

珊瑚礁资源丰富、住客多，显得有点拥挤。这些生物为了有效利用资源，演化出许多有趣、特别的行为！

有些以亮丽的外表或靠改变体色，扰乱敌人的视觉；有些划分领地，当敌人入侵便英勇抵御；有些则演化出变性方式，增加繁殖成功的概率；最特别的是，这里有许多住客发挥守望相助的精神，小丑鱼和海葵之间的关系便是一则佳话。

体色橘红，上有白色条纹

触手

❶小丑鱼　全长 10 厘米

模样可爱、逗趣。体表有一层黏液保护，可以不受海葵刺细胞伤害，和海葵发展出亲密的共生关系，所以又称“海葵鱼”。

❷海葵　直径 80 厘米

在海底固着生长，缤纷的触手随波飘摇，像一朵朵花儿，吸引许多生物靠近，然后再用触手内的刺细胞攻击猎物并加以捕捉，是珊瑚礁中美丽的陷阱之一！

隆头鱼　全长 15 厘米

有些种类年老后前额会隆起，故得名。喜欢白天觅食，晚上则在礁区或潜沙休息，是珊瑚礁区主要住客之一。种类繁多，最特别的是，就算是同一种，从小到大的体色、体形可能完全不同。

体形长椭圆形

胸鳍前面黄色，后端蓝色

斑鳍蓑鲉　全长 38 厘米

俗称“狮子鱼”。胸鳍发达，鳍条基部有毒腺，潜水者一旦碰到，会觉得十分疼痛。游动缓慢，除了靠鳍条保护自己，休息时还会紧贴礁岩或阴暗处，保护易受攻击的腹部。

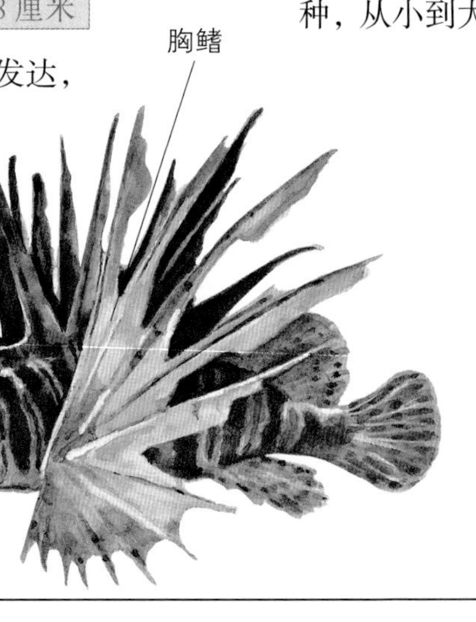

太平洋真雀鲷　全长 10 厘米

小丑鱼的亲戚，体形小，活动敏捷，以礁区的藻类为食。领域行为明显，除繁殖期会护卵外，也会保卫自己地盘里的海藻，不让其他鱼吃。

金花鲈　全长 15 厘米

常成群在水面上层滤食浮游生物。社会阶层明显，小鱼在下层，雌鱼在中层，而雄鱼在最上层的水域活动。属于一夫多妻制，雄鱼死后，会有雌鱼依序变性递补。

雌鱼呈橙黄色，雄鱼为粉紫色

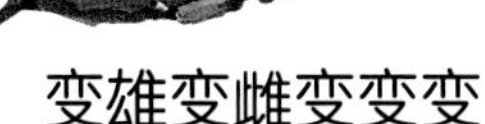

变雄变雌变变变

许多珊瑚礁鱼类如金花鲈、隆头鱼等，并不像人类一生下来便确定性别。通常一夫多妻制的鱼儿长大后会先发育成雌性，某些雌鱼后来再变成雄性，以进行繁殖！一妻多夫制的鱼儿则刚好相反。

石斑鱼　全长 20 厘米

白天常在珊瑚礁区猎食其他鱼类，十分凶猛。不过，一旦身上有了寄生虫，就得乖乖张口让俗称“鱼医生”的蓝带裂唇鲷清洁一番。

体色红色，有时会变为暗褐斑驳状

蓝带裂唇鲷

蝶鱼　全长 10 厘米

像蝴蝶般美丽优雅而得名。喜欢在珊瑚枝桠间穿梭，因不具备攻击能力，所以演化出扰乱捕食者视觉的图案，如脆弱的眼睛上有条黑带掩饰，或幼鱼背鳍后端有一假眼。

吻部尖长，方便捕食缝隙间的小生物

体形侧扁

海蛞蝓　全长 3 厘米

背面有触角，又称“海牛”。鲜艳的外表具有警戒作用，且会分泌带有苦味的黏液，让掠食者不想吃它。

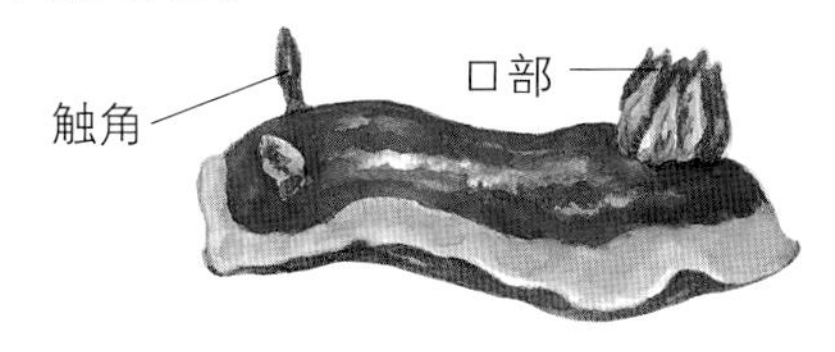

砗磲贝　全长 60 ～ 70 厘米

最大型的贝类，重可达 250 千克以上。固着在珊瑚礁缝隙中，以滤水中的浮游生物为生。外套膜上因有共生藻生长，呈现缤纷的色彩，十分美丽。

外套膜色彩鲜艳

壳面的放射肋明显

旋鳃管虫　全长 2.5 厘米

沙蚕家族的成员之一。通常会在珊瑚礁里挖筑一条管子住在里面，只将鳃冠露出。羽状的鳃羽常随流摇曳，像小圣诞树点缀在珊瑚礁上面，故有“海中之花”的美誉。

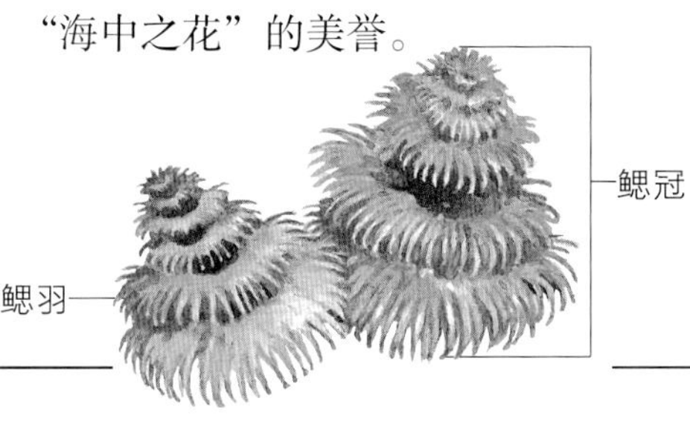

章鱼　全长 70 厘米

又称“八爪鱼”，是最聪明的无脊椎动物，体色会随着情绪及周围的环境而改变。身体柔软，可随意躲入礁缝中，不仅可以躲避敌害，也可以捕食缝隙中的小虾蟹。

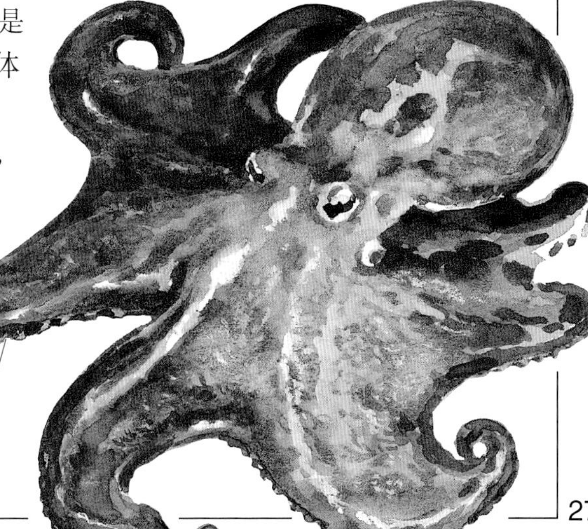

热闹非凡的珊瑚礁之夜

当夜幕低垂，生物纷纷躲入礁洞或潜入沙中休息，海龙宫里的珊瑚礁并没有因此沉寂下来。许多日间不动的珊瑚虫，悄悄从珊瑚里伸出纤细的触手，像一朵朵夜间绽放的花儿，十分美丽。而另一批夜间“游侠”，如海星、龙虾、天竺鲷等，也趁着夜色的掩护开始活动，为热闹的珊瑚礁之夜揭开了序幕！

蓝身天竺鲷
鹦嘴鱼
金目大眼鲷
棘冠海星

昼伏夜出的珊瑚礁住客

漆黑的夜晚为许多生物提供了最好的保护，在珊瑚礁世界也不例外。许多生物选择在夜间活动，和白天的生物错开，充分运用珊瑚礁资源。这些夜间“游侠”没有鲜艳亮丽的外表，且由于光线不足，眼睛较大，嗅觉较灵敏，方便搜寻食物及辨识敌人！

夜间绽放的花朵

许多珊瑚白天都是由共生藻进行光合作用提供养分；到了晚上，住在里面的珊瑚虫便伸出花朵般的触手，利用上面的刺细胞拦截路过的浮游生物为食。而每年春天的某几个晚上，大量珊瑚一起产卵的景象，更是世界一大奇观！

海百合的卷枝呈螺旋状，供暂时固着时抓住洞壁

海百合　腕长 15 厘米

是海星、海胆的亲戚，却有着和珊瑚虫一样美丽的触手。白天固定在礁洞上不动，像植物一样。一到晚上便爬出洞外开始活动觅食。

棘冠海星　辐长 15 厘米

腕足10～12只

行动缓慢的棘冠海星，靠夜色掩护行动。利用管足捕捉珊瑚虫后，会将胃翻出体外来消化，是珊瑚最大的天敌！

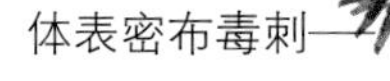

豹纹泽鳝　全长 180 厘米

又称“豹纹勾吻鯙”，是夜间珊瑚礁里的危险分子。相当凶猛，有着锐利的牙齿，加上身体似蛇般有力的扭曲力，猎物一旦被它捕获便难以脱身。视力很差，主要靠鼻管具有的灵敏嗅觉搜寻食物。

黑边单鳍鱼　全长 22 厘米

身体为倒三角形，故俗称“三角仔”。白天成群躲在洞穴中或礁岩下方休息，晚上则成群在水层中吃食浮游动物或底栖无脊椎动物。

金目大眼鲷　全长 17 厘米

又称“红目鲢”，有着醒目的大眼睛，是典型的夜间活动鱼类。白天单独躲在岩礁洞穴间，夜间成群出来觅食，以小鱼、螃蟹的幼体或多毛类生物等为食。

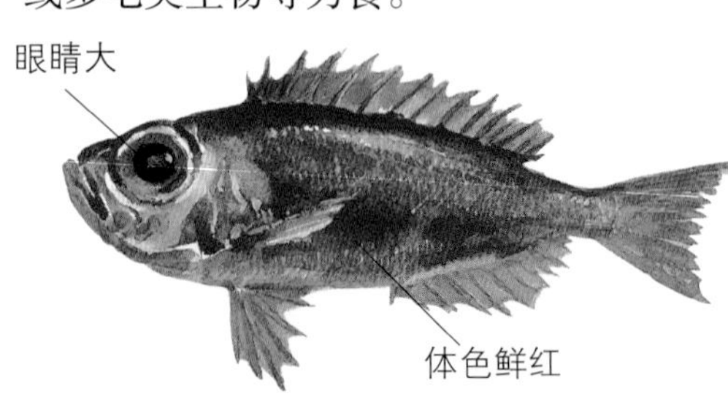

鹦嘴鱼　全长 40 厘米

模样像鹦鹉，因而得名。主要在白天活动。夜晚睡觉前，会分泌一层黏液膜把全身包裹起来，只留两个小孔呼吸，以避免被豹纹泽鳝等以嗅觉搜寻食物的夜行性捕食者发现。

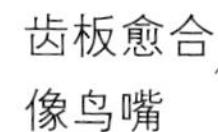

日本龙虾　体长 25 厘米

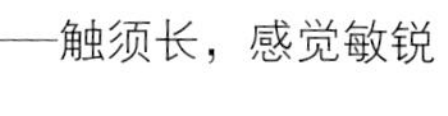

晚上出来觅食，白天则躲在礁洞，有锐棘保护的头部朝外，易受攻击的尾部则藏在洞内。穿越空旷沙地时，它们会像行军般一只只头尾相连，互相保护。

蓝身天竺鲷　全长 6 厘米

珊瑚礁中数量最多的夜行性鱼类。眼睛很大，俗称“大目侧仔”。白天成群在礁石旁休息，晚上则分散出去捕食底栖的小虾、小蟹等。最特别的是，雄鱼会把受精卵放在口中孵化。

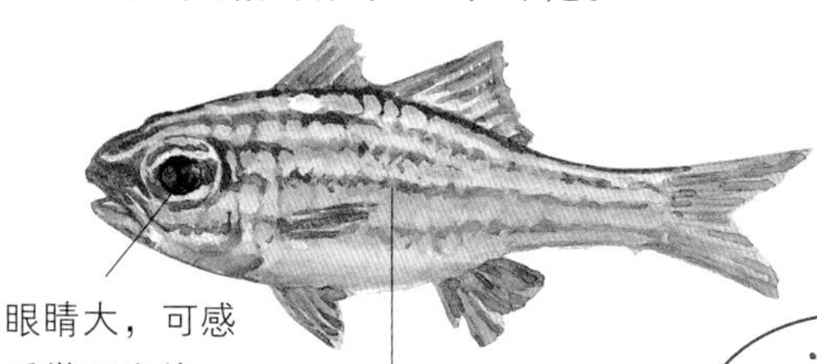

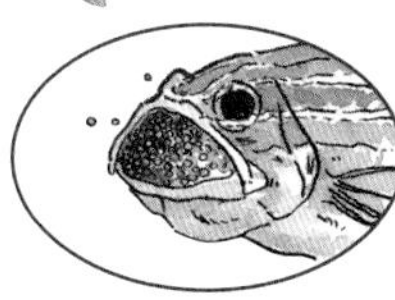

天竺鲷的口孵行为

九齿扇虾　甲壳长 25 厘米

尾部扁平像扇子，很像沙地里的虾蛄，故又称“虾蛄拍仔”。白天喜欢躲在岩礁缝中，晚上才出来觅食。

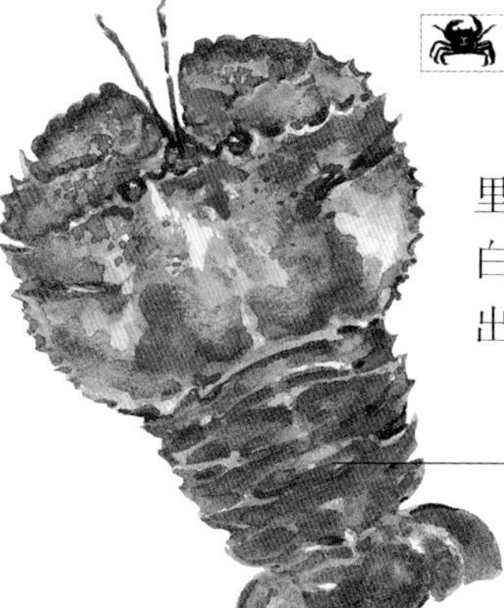

卸妆的鱼住客

许多白天活动的鱼住客，到了晚上休息时，为了避免鲜艳的外表容易被敌人发现，颜色便转为黯淡，像卸了妆一样！

白天的蝶鱼

夜间的蝶鱼

光鲜亮丽的珊瑚家族

珊瑚家族是海龙宫里有名的住客，靠着摆动花朵般的触手捕食小生物，所以虽然固着不动，却是如假包换的动物！珊瑚喜欢温暖、干净、有礁石可供固着的水域，因此主要分布在南北纬30° 之间的浅海中。台湾岛就位处其间，拥有丰富的珊瑚资源，垦丁公园内有几处海域已列为珊瑚礁保护区，珊瑚礁是相当珍贵的自然资产！

这些美丽的珊瑚，是由无数的珊瑚虫外壳聚合组成，种类繁多，不仅五颜六色，造型也是千奇百怪，有的像树枝，有的像叶片，有的像扇子，有的还像大脑，一起来认识、欣赏它们吧！

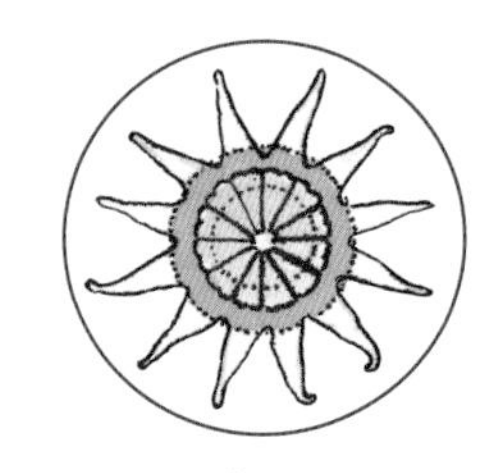

口部正面

口：位于顶端，触手捕捉的食物由此送入肠腔内消化，需要排泄的废物也从这里排出。

肠腔：主管消化功能的组织，养分可经由胶质体液扩散运输。

表皮层

共生藻：珊瑚体本身呈透明状，这些附生在体内五颜六色的共生藻便是珊瑚最好的彩妆。此外，共生藻还能进行光合作用以制造营养，为珊瑚提供食物。

珊瑚的一生

每年春末夏初，珊瑚就像约定好似的，集体在3~6天内一起排出卵子和精子，看似满天繁星，相当壮观。这种繁殖行为是珊瑚社会长期演化的结果，可以让鱼群视为美食的珊瑚卵仍有少数存活，继续繁衍下一代！

❶放出精子和卵子

❷受精卵孵化出幼虫在海中漂浮

❺进行细胞分裂生殖，珊瑚体愈来愈大

❹分泌碳酸钙形成骨骼

❸随着潮水飘到合适的地方沉降固着

柳珊瑚

呈扇形网状分布，扇面与海流垂直，颜色相当美丽。

尖枝列孔珊瑚

群体分枝交错分布在海中，呈灌木状。

橙杯珊瑚

其骨架呈管状结构且有分枝，骨架顶部像星星的形状，伸展时呈现桃红色。

脑纹珊瑚

珊瑚结合成脑纹形，纹路较长，彼此间隔的脊较厚，常见有灰蓝色、绿色和黄褐色。

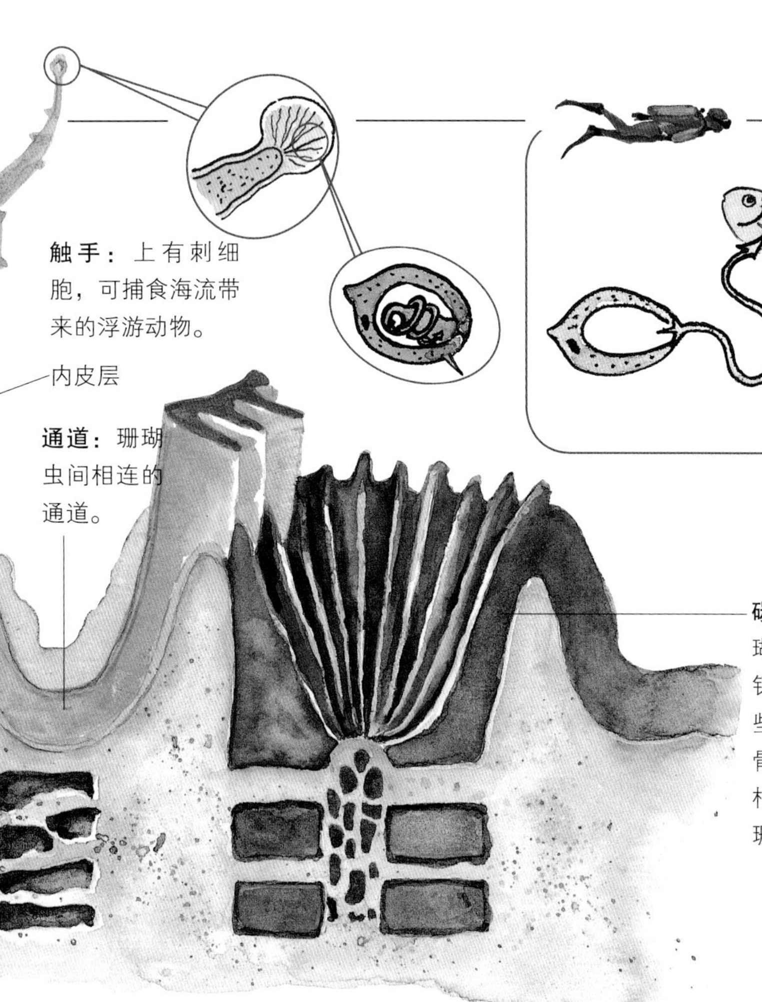
触手：上有刺细胞，可捕食海流带来的浮游动物。
内皮层
通道：珊瑚虫间相连的通道。
碳酸钙骨骼：珊瑚虫会分泌碳酸钙形成骨骼，有些珊瑚新形成的骨骼会与旧骨骼相连，形成大片珊瑚礁，称为“造礁珊瑚”。

会发暗箭的刺细胞

珊瑚、海葵和水母这类生物都有御敌及捕食的“刺细胞”，故称为“刺胞动物”。刺细胞发挥作用的步骤：1.碰到猎物时，启动机关。2.毒针弹开刺进猎物皮肤。3.释放毒液，使猎物感到刺热、灼痛。

珊瑚如何造礁?

别小看珊瑚，海中气势磅礴的珊瑚礁可是一群“造礁珊瑚”巧夺天工的杰作，菊珊瑚便属于这类珊瑚。一起来看看珊瑚造礁的过程吧。

1.造礁珊瑚不断分泌碳酸钙，慢慢地堆积骨骼。

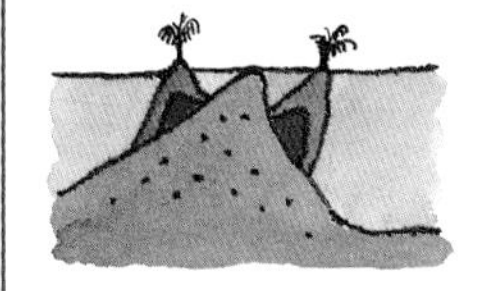

2.下面珊瑚老化死去，提供上面珊瑚的栖息地，继续繁衍。

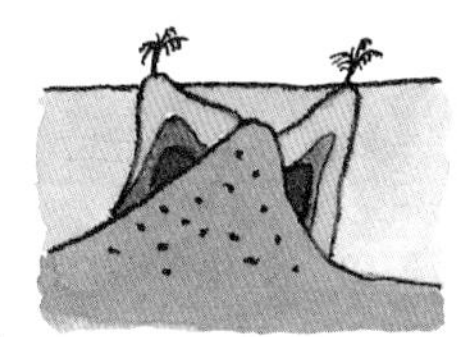

3.经过千万年，一代代的珊瑚逐渐堆出一片壮观的“生物遗骸”。

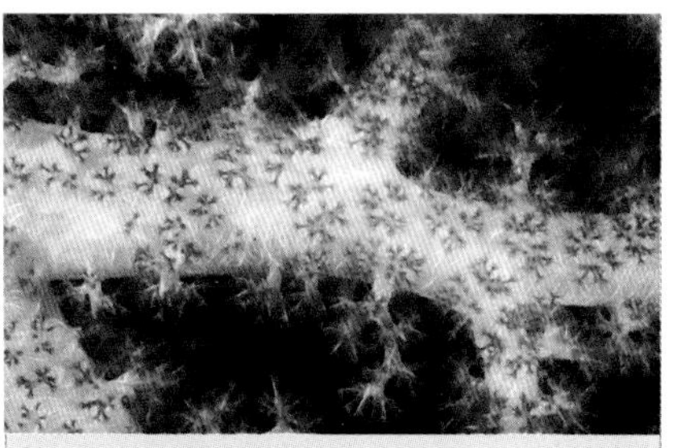

棘穗珊瑚

呈灌木丛状，珊瑚虫聚集在枝干顶端。群体具艳丽色彩。

肉质软珊瑚

表面有波浪状曲褶，看起来相当肥厚，呈黄褐色或绿褐色。

菊珊瑚

群体呈团块形或圆球状，圆盘状的珊瑚虫分布在表面，状似一丛盛开的菊花。

海扇珊瑚

群体分枝在同一平面上。黄色的珊瑚虫常分布在扇面单侧，中轴骨骼为红色。

珊瑚在中国的分布

珊瑚喜欢在水温23～28℃的海域生长，而且由于体内共生藻需要阳光进行光合作用，所以分布的水域深度也以30米以内最佳。台湾岛、海南岛以及南海诸岛，珊瑚资源相当丰富！

白带鱼
白鲳
斑鳍白姑鱼
乌贼
条纹绯鲤
短吻花杆狗母
园鳗
日本对虾

富藏生机的沙泥地

离开了岸边，在水深200米内的海龙宫里，除了珊瑚礁外，一直到外海都是沙泥地环境。这里看似沉寂，了无生机，实际上却充满了惊奇，除了偶尔有着成群的大洋表层生物造访外，主要为一些紧贴沙泥地活动的底栖生物。而且由于这里相当平坦、捕捞容易，这些生物便成了餐桌上常见的海鲜，如白带鱼、乌贼等。

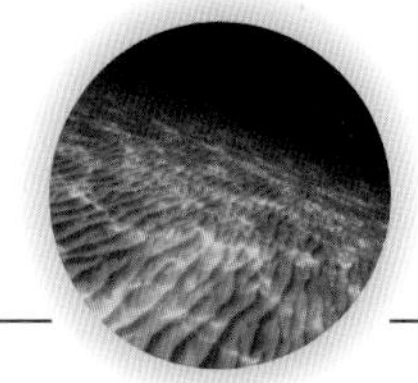

行踪神秘的沙泥地住客

腹地广大的沙泥地蕴藏着丰富的食物，吸引许多住客来此觅食休息。这片一望无际的海底沙地缺乏庇护所，在这里讨生活的住客有着一身高超的避敌本领，行踪相当神秘！有的外表相当不起眼，有的游动速度快，有的则是善于钻沙，或将扁平的身体紧贴沙地，甚至会随着环境改变体色，躲避敌人的侦察！

❶桂皮斑鲆　全长 20 厘米

比目鱼的一种，又称“扁鱼”“皇帝鱼”。常静伏在沙泥地上，拟态功夫极佳，会以眼睛看到的环境来改变体色，或将身体半埋入沙中，只露出眼睛，趁机捕捉过往的小鱼、小虾。

❷鲬　全长 20 厘米

又称“扁头鱼”。平时都埋身在沙中，只露出两只眼睛，虎视眈眈，猎物经过时，突然跃起予以吞食。最特别的是，它们的两只眼睛可以分别转动，当一只眼睛看着前方时，另一只眼睛可以转来转去，注意有无其他危险！

斑鳍白姑鱼　全长 17 厘米

又称为“白口”，属于石首鱼的一种。这类鱼为沙泥地的常客，内耳的“耳石”特别大，因而得名。“耳石”可以维持身体平衡，并对声音敏感，以保护自己。此外，还会利用伸缩鱼鳔附近的肌肉和鱼鳔产生共鸣来发声，作为彼此联络的信号。

日本对虾　全长 20 厘米

身体有一节一节的斑纹相间排列，又称“斑节虾”。从 0 ~ 90 米深的沙泥地都可以发现它。肉质鲜美，是虾类养殖的宠儿！

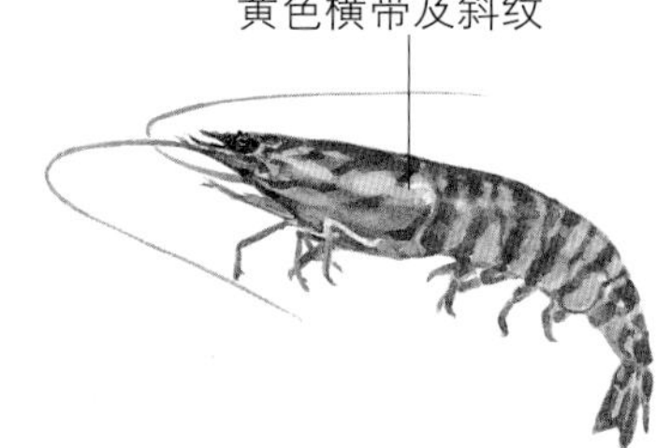

❸园鳗　全长 110 厘米

常成群住在礁区外围沙地，身体像铅笔一样细，下半身埋在沙中，只露出上半身在水层中进食浮游动物。海流流过时，会成群随着海流摇摆，远远看去像是花园中的草随风摇曳，十分可爱。一遇到危险便迅速缩入沙中。

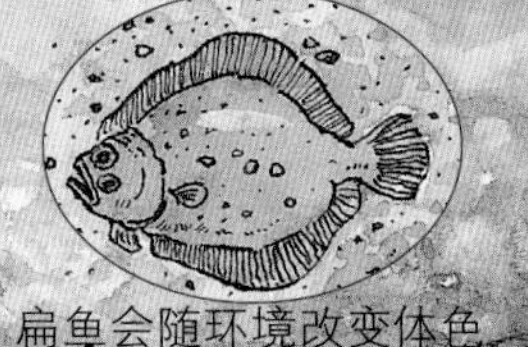

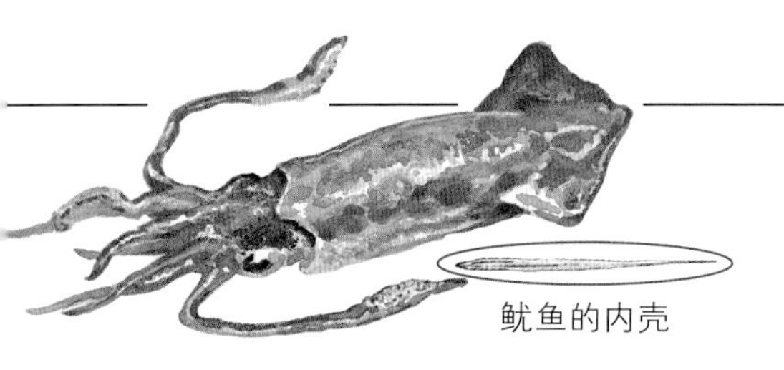

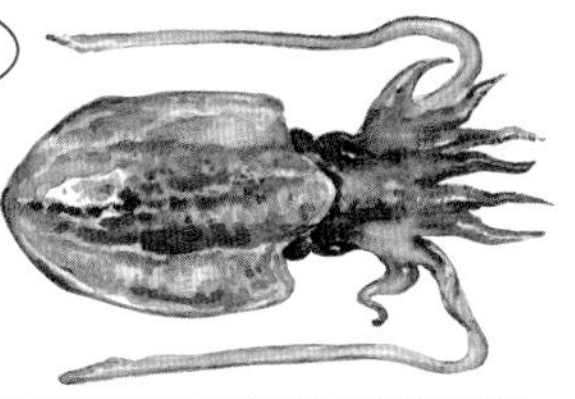

鱿鱼　全长 25 厘米

别称“锁管”，身体呈长筒状，共有 10 只腕足。内壳像针形树叶，薄而透明。

条纹绯鲤　全长 30 厘米

又称“秋姑”。下颌有 2 根触须，布满味觉器官，常见它以触须在沙地里翻找食物。觅食时，粗皮鲷、隆头鱼、蝶鱼等会尾随其后捡食，以节省寻找食物的力气与时间！

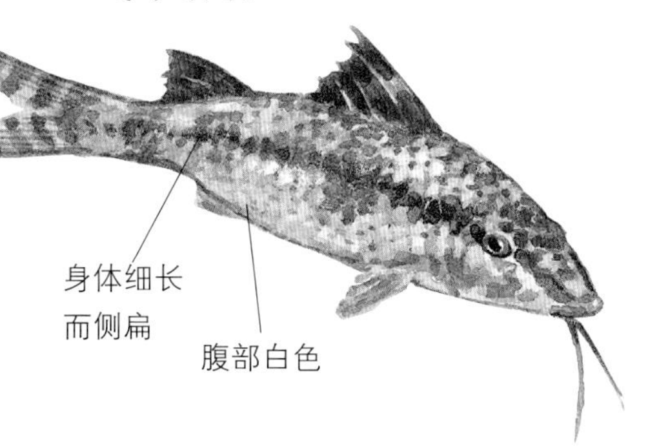

❹马鲅鱼　全长 50 ~ 200 厘米

又称“午笋鱼”，常成群在海底觅食无脊椎动物。眼睛具眼脂，所以虽然很大，视力却不好，而靠胸鳍特化分离成的 4 条丝状软条感受环境的变化，并借此探寻沙泥中的食物。晚上会停栖在沙泥地上休眠。

乌贼　全长 8 厘米

别称“花枝”，身体呈长筒状，共有 10 只腕足。和鱿鱼不同之处在于其内壳宽大像船形，由石灰质构成。

短吻花杆狗母　全长 20 厘米

又称“狗母”，是沙地上主要的肉食性鱼类之一，会在礁区生活。喜欢蛰伏在沙地中或半埋在沙地中，等猎物经过时冲出来予以吞食。口大，可以吞下很大的猎物。

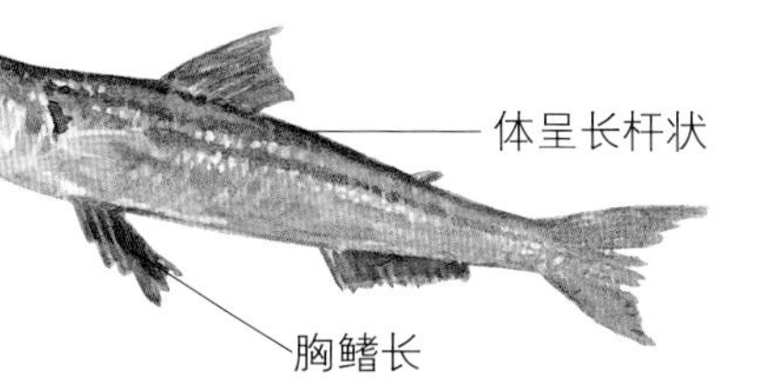

白带鱼　全长 100 厘米

长扁的身体泛着银白色光泽，因而得名。喜欢夜间出来觅食，常见成群以头上尾下垂直的姿势游动，身上的银白色光泽与水波相似，因而不易被察觉，除可躲避敌人外，更能伺机捕食。

背鳍从头部一直延伸到尾部，没有腹鳍和尾鳍

嘴巴宽大，具有犬状齿，可以吞下体形很大的猎物

白鲳　全长 25 ~ 30 厘米

又称“银鲳”。餐桌上常见的一道海鲜。

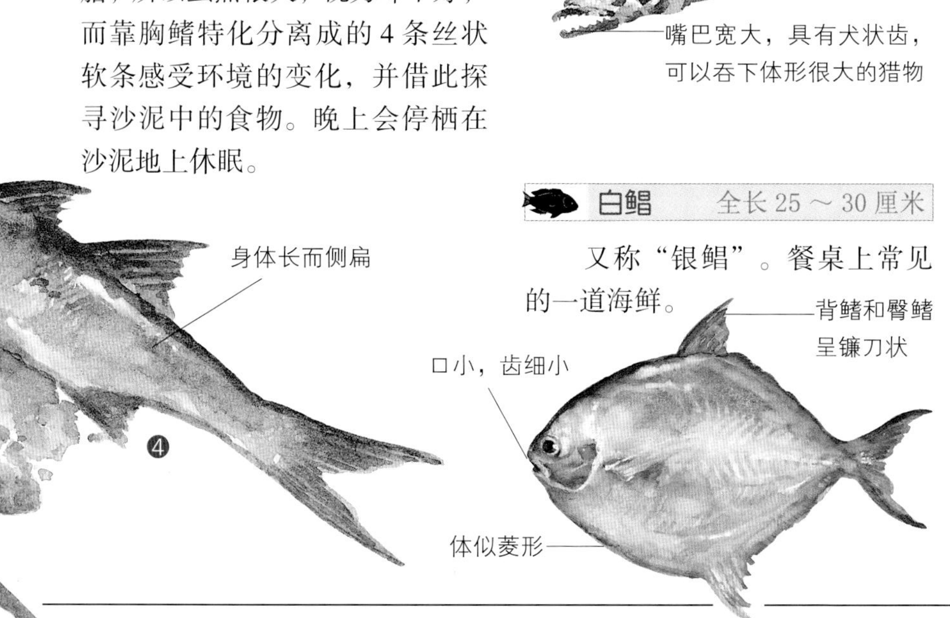

鱿鱼和乌贼

同为贝类的亲戚，不过“贝壳”被包在里面成为内壳。十分聪明，体色会随情绪改变，受惊吓时会喷出墨汁避敌。喜欢捕食小鱼小虾，一旦发现猎物，便迅速伸出最长的腕足将其捕捉放入口中。善于游泳，常成群活动，大型鱼类是它们主要的天敌。

放出烟幕是避敌的方法之一

沙漠中的绿洲

在一片平坦的沙泥地中，若出现独立的礁石，就像在沙漠中出现绿洲一样，成了许多生物最好的庇护所，不仅喜欢礁石环境的生物会选择在其附近活动，如石斑鱼、天竺鲷；有些珊瑚礁生物也会趁夜晚游到独立礁附近的沙地觅食，如隆头鱼、雀鲷。人类在海洋中设置人工鱼礁作为海洋养殖的牧场，便是由此延伸而来的！

广阔浩瀚的大洋

离开了岸边，便来到一片浩瀚的大洋。从水面往下潜可达深度3000米或更深的海龙宫，这里有三层不同的景观：开阔明亮的“大洋表层”里，有着随波逐流的水母、成群呼啸而过的鱼群，偶尔还有海豚、飞鱼跃出水面；接着往下便渐渐进入黑暗寂静的“深海世界”，有时只见三两生物忽而出现，忽又隐没于黑暗之中；最后慢慢地接近“海底世界”，生物更少了，十分沉寂！

飞鱼

日本鳀

鲨鱼

绿蠵龟

大洋表层

亮丽的阳光照进大洋表层，呈现出一片蔚蓝的景象，滋养了无数的浮游生物。这儿离岸远，没有河川的入流和污染，环境相当稳定，也是海洋中绿色植物生长的最后疆域。比起漆黑的海洋深处，这里显得明亮、开阔许多！

造型奇特的海底住客

海底住客多半鱼不像鱼，螃蟹不像螃蟹的！有些还为了方便在柔软的海床上活动，长出像脚一般的结构，借此支撑身体！

此外，这里食物取得不易，主要是来自大洋沉积下来的碎屑物质，所以好不容易找到食物的生物，便慢慢消化食物，增加生存的机会。然而，住在深海热泉附近的住客就幸运多了，它们因为生活在那里的硫化菌可以制造养分，所以不愁找不到食物呢！

玻璃海绵　全长 40 厘米

体呈圆筒状，壁薄，有格子状的骨针结构，基部则有硅质纤维束伸入沙泥中固定并使之直立在深海底。身体中央有一个大的出水孔，四周都是细小的入水孔，靠着鞭毛制造的水流运送养分及排泄身体代谢废物。

须腕动物　全长可达 3 米

栖息在热泉的裂缝或洞穴中的碎石里。呼吸束内的鳃丝可吸收气体，送至体内给硫化菌合成养分后，靠这些养分维持生命。一遇危险，前端的呼吸束便会缩回。

白色管状

呼吸束为红色

偕老同穴

海绵中央空腔大，常有小型虾、蟹成对寄生，直到老死，所以日本人称之为“偕老同穴”，并将此作为祝福新婚夫妇白首偕老的礼物。

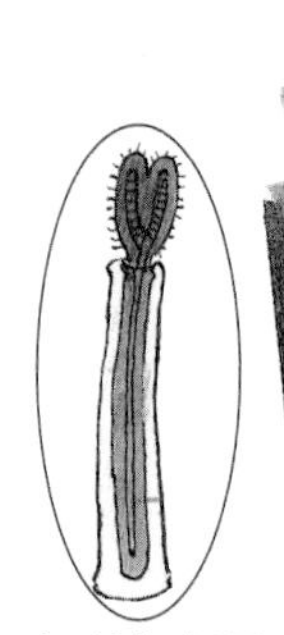

鳃丝解剖图

海参　全长 10 厘米

深海海底最重要的成员。靠很多细小的管足移动，像一台吸尘器在海底泥地上取食细菌、硅藻及其他微小生物。

大王蟹　背甲长 30 厘米

寄居蟹演化来的，外观很像真正的蟹类，足伸长可达 3 米以上，是体形最大的甲壳动物，故得名。主要食物来源是靠鳃中大量的硫化菌提供。

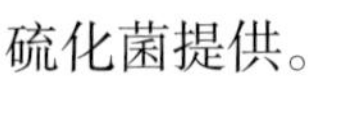

铠甲虾　全长 10 ～ 15 厘米

深海热泉区的生物。眼睛退化，主要以热泉蒸气扰动的水流中的碎屑物质为食。

巨口鱼　全长 40 厘米

背鳍前、体侧，甚至嘴巴里都有引诱猎物的发光器。不同种类的巨口鱼和雌雄鱼之间的发光器位置有所差异，有助于它们在黑暗中找到伴侣。

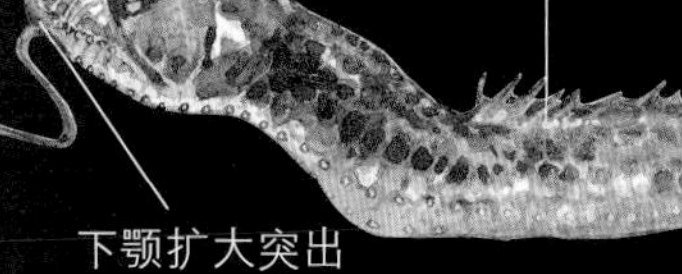

褶胸鱼　全长 4～5 厘米

胸侧上有许多皱褶，故得名。一双大眼睛像戴镜片般，除了可以增加对微弱光线的感受力，也能双重对焦，有着望远镜的功能，帮助它们看清猎物。

囊咽鳗　全长 1～2 米

尾尖具有发光器，引诱猎物上门后，使用一张可以伸缩的大嘴和锐利的牙齿将猎物吞下。而可以膨大如气球的胃，容纳比自己还大的猎物也不成问题！

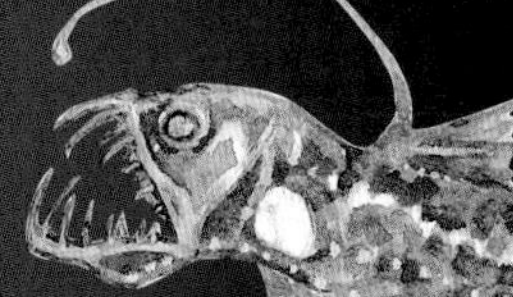

蝰鱼　全长 35 厘米

满口尖牙利齿的大嘴可以张开至 90° 大。更有趣的是，头骨和肩带没有相连，吞食时上下颚会向前移动，鳃自鳃盖翻出，所以能吞下比自己大 3 倍的猎物。

蝰鱼吃食状

发光的秘密

有许多深海鱼类具有发光器，这些美丽的光是怎么来的？原来有些生物体内具有荧光素，直接由神经控制荧光素的作用，让荧光素产生化学变化而发光；有些则在其发光器上有共生的发光菌，生物便靠着开关让发光器一闪一闪，实现吸引功能。

角鮟鱇　雌 1.5 米，雄 5～15 厘米

为了解决在漆黑的深海中找不到配偶的困扰，角鮟鱇的雄鱼侏儒化，并以口咬住雌鱼，然后和它的皮肤愈合在一起，直接寄生在雌鱼身上。雄鱼的嗅觉器官特别发达，以发现雌鱼。

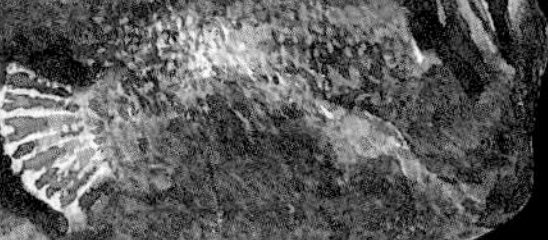

芒光灯笼鱼　全长 10 厘米

头部、体侧和腹部上都具有发光器，像个黑夜里的灯笼，故得名。没有锐利的牙齿，以小型浮游生物为食，常垂直移动追逐这些生物，白天在深海，晚上则浮到海面附近捕食。

深海世界

浩瀚的海龙宫里，深度越深压力越大，温度也越低，而且阳光最深也只到达1000米深的水域。大部分的深海世界都是一片漆黑，没有绿色植物提供基本的能量来源，所以生物的种类和形态截然不同！

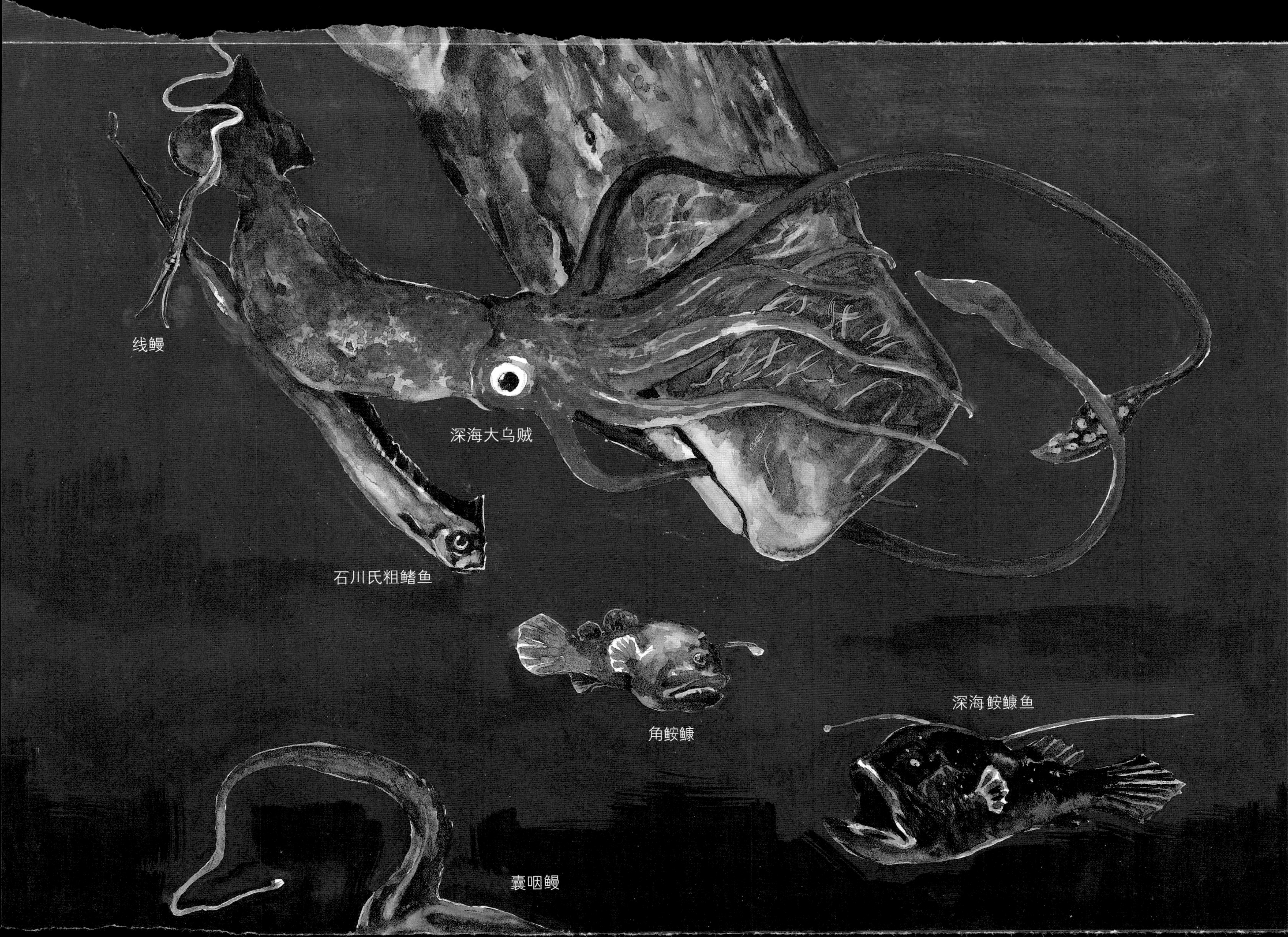
线鳗
深海大乌贼
石川氏粗鳍鱼
角鮟鱇
深海鮟鱇鱼
囊咽鳗

摸黑活动的深海住客

深海住客有着各种适应黑暗的功夫。它们有的眼睛呈管状延长，增加对光线的吸收；有的眼睛变得很小，甚至退化，而以灵敏的嗅觉和触觉取代视觉；最特别的是，许多生物还会发光！一闪一闪的微光闪烁在深海中，不但可以吸引猎物靠近，也容易找到伴侣！

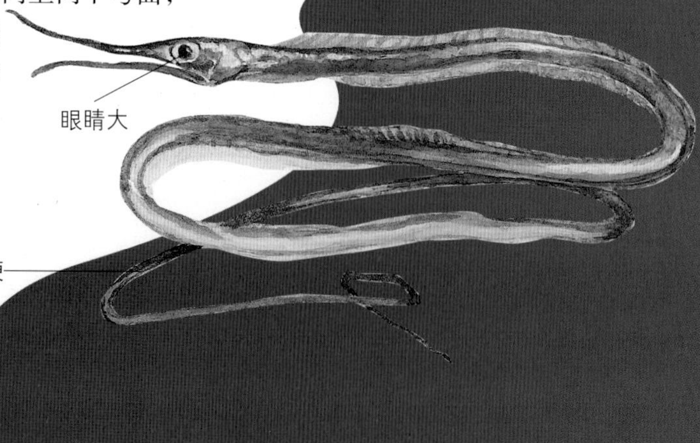

深海大乌贼　全长 18 米

最大型的无脊椎动物！肌肉内含有较轻的氯化氨，所以能在深海中漂浮。触腕末端的吸盘相当有力，可以让到手的猎物动弹不得。唯一的天敌是体形庞大的抹香鲸，两者的肉搏战相当精彩，不过通常是抹香鲸略胜一筹！

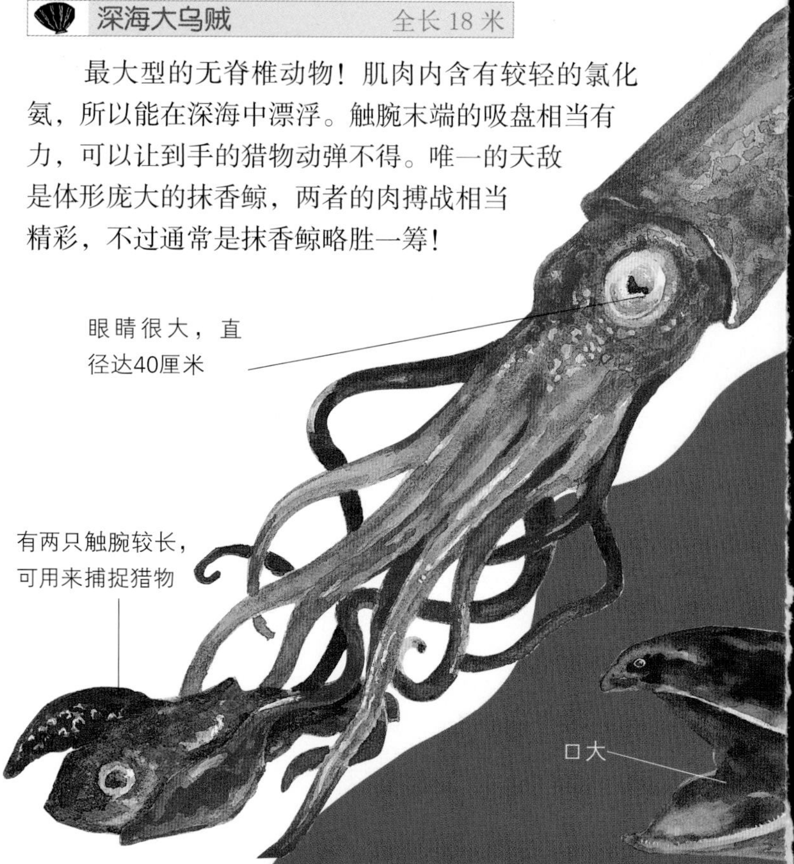

鼠尾鳕　全长 20 厘米

常见的深海底栖性鱼类。尾长如鼠尾，越往后越尖细，因而得名。雄鱼的鱼鳔发达，可发声吸引雌鱼。

石川氏粗鳍鱼　全长 2 米

身上鳞片易脱落，故看似无鳞。无臀鳍及尾鳍，但背鳍发达，体弱受伤或传说海底地层震动时，会跑到大洋表层。

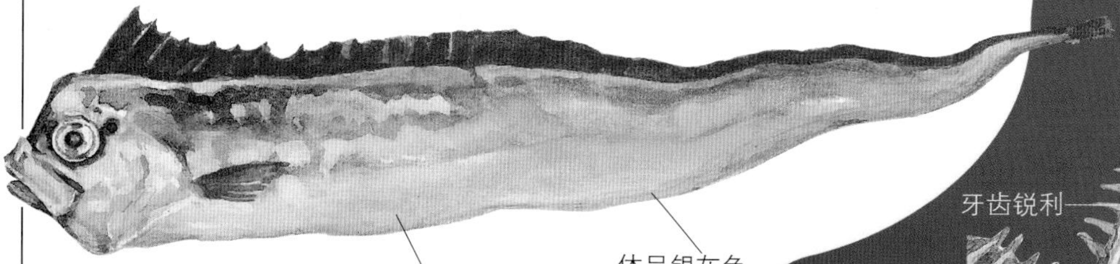

线鳗　全长 1.5 米

长而尖的口是它们最大的特色，上面排列着整齐的细小牙齿，用来捕捉小型生物。雄鱼的嘴还向上向下弯曲，真让人怀疑它们是怎样取食的！

深海鮟鱇鱼　全长 1.5 米

背鳍前鳍条特化成各式各样的“钓竿”，有的会发光，有的形状像小鱼、小虾，借此便能引诱好奇的鱼虾，因而不需四处寻找食物。没有流线形光滑的身体，游泳能力差，主要靠发达的胸鳍在海底缓慢移动！

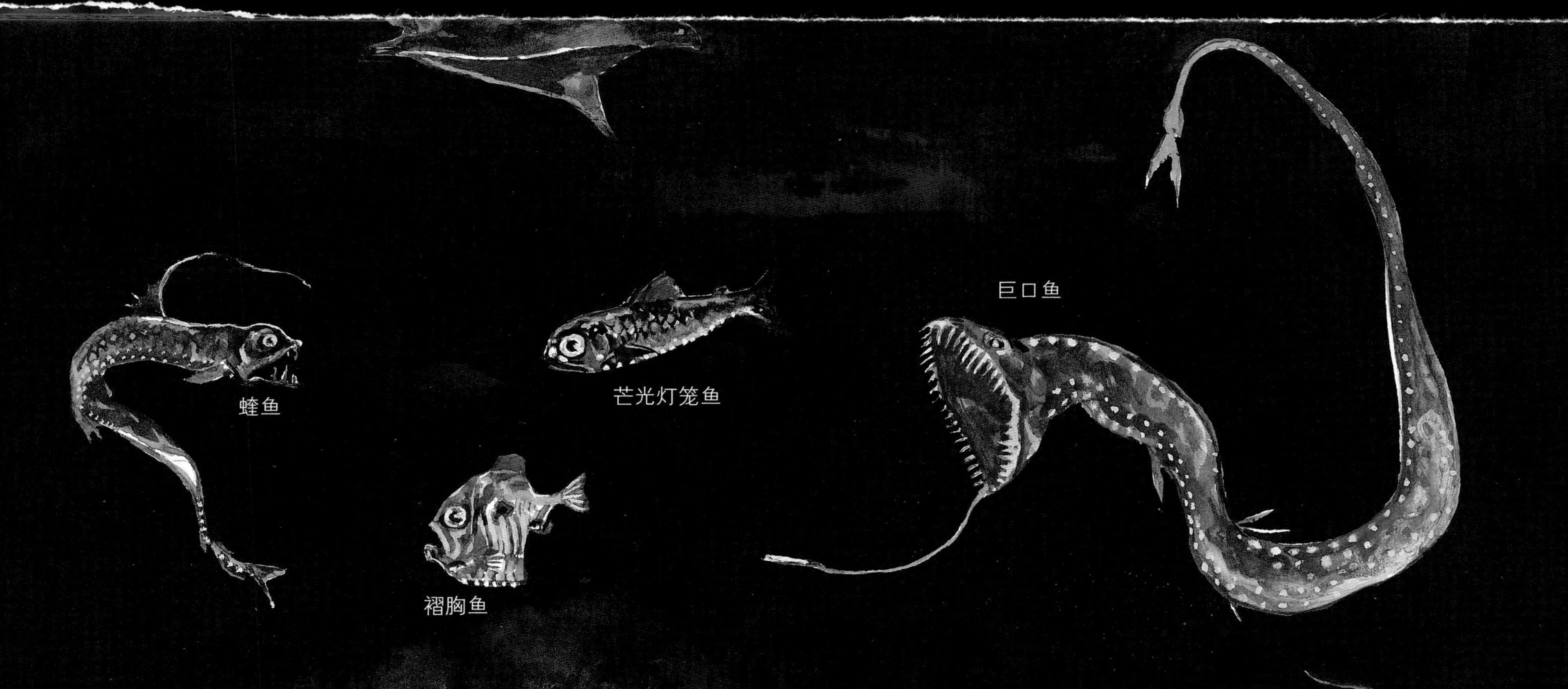

深海海底

幽暗的海龙宫底部，水压更大，温度也降至3~6℃，海水几乎终年没有扰动。这里食物少，生物也少。唯一的例外是在深海热泉区，那里自成一个独立的生态系统，吸引了数量多、种类也丰富的生物居住！

黑皮旗鱼 全长 2 米

体形大，战斗力旺盛，长而尖的嘴是防御及攻击的武器，也可减少水的阻力。游泳速度快，高速游动时，会将张开的背鳍收起。

日本鳀 全长 5 ～ 12 厘米

体型小、数量多，是许多大型鱼类的“饵料”。主要分布在日本到中国大陆的沿海，有一族群每年冬天会南下到台湾岛北部产卵，春天时大量出现的幼苗，也就是渔民所捕捞的“魩仔鱼”。

水母 直径 15 厘米

比重与水相近，在水中几乎是无重状态，随着海流长距离漂移，或短距离地垂直上下游动。透明胶质的身体在无遮蔽的大海中有隐身效果。圆盘周围有简单的感光组织，可以侦测猎物和逃避危险。

翻车鱼 全长 60 ～ 80 厘米

没有尾部，主要靠背鳍和臀鳍反方向交互摆动，优雅地游动。喜欢侧躺在海面享受日光浴，借此提高体温促进新陈代谢，或晒死寄生虫，所以也叫“海洋太阳鱼”。

嘴巴很小

身体像圆盘

绿蠵龟 背甲长 90 ～ 120 厘米

因背甲及体内脂肪为绿色而得名。靠着体内脂肪及海绵化的骨头漂浮在大洋中，随着暖流洄游。以海藻、水母、海绵为食。繁殖季时会回到出生地的沙滩上交配、产卵。目前在台湾澎湖的望安岛设有“绿蠵龟产卵栖息地保护区”。

鲸鲨 全长 7 ～ 13 米

又称“豆腐鲨”，是最大型的鱼类。性情温和，没有锐利的牙齿，靠鳃滤食水中的浮游生物。有趣的是，常有搭便车的鮣贴在其腹部共游。现今因过度滥捕，族群数量大量减少。

大洋

快速敏捷的大洋住客

这里的住客几乎都在海洋表层活动，很少接触海底，遇到危险便无处可躲，所以漂浮和避敌功夫都相当了得！例如：背部蓝黑色、腹部白色，与背景相融，便是很好的保护；鱼鳔可以增加浮力，减少体力消耗；成群活动则可以混淆掠食者的注意；此外，有些鱼类还善于长距离及快速游泳，十足像个“大洋游侠”呢！

黄鳍鲔　全长可达 2 米

典型的大洋快速游泳鱼类，瞬时速度可以达到每小时 100 千米。整年成群随着洋流在海洋表层洄游、捕捉食物。为重要的经济性鱼种！

月形尾

腹鳍黄色

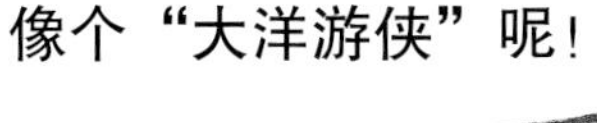

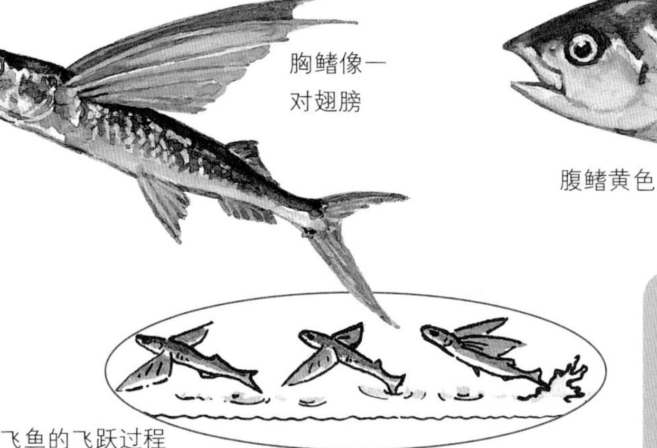

飞鱼的飞跃过程

飞鱼　全长 20 ～ 30 厘米

借着摆动尾鳍加速冲出水面后，将胸鳍展开在水面上滑行，同时以尾鳍拨水加速，最久可停留空中 30 秒，滑行 200 米远。台湾兰屿的高山族人视之为神灵赐予的礼物，每年 3 ～ 6 月间举办的飞鱼祭，是当地的特色之一。

大洋表层的“游侠”

大洋表层有一群鱼儿，为随着海流追逐食物，便进化出快速游泳的本领，如鲔鱼、旗鱼、鲨鱼等。

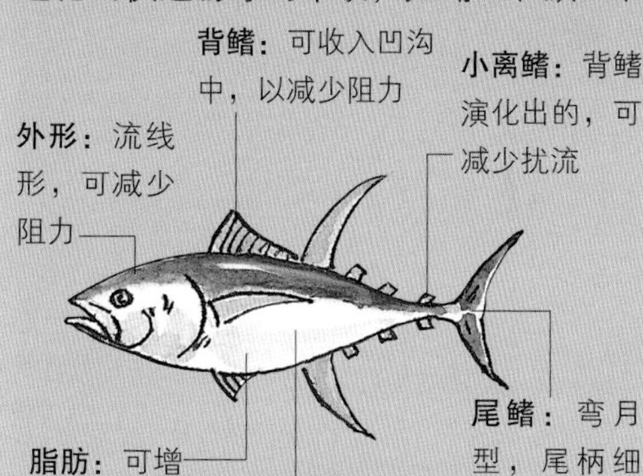

鳃孔裂开呈条状

胸鳍特化像桨

鲨鱼　全长 6 ～ 9 米

海里的老虎，几乎没有天敌。锐利的牙齿可以不断再生，嗅觉相当敏锐，可闻到远处传来的味道。没有鱼鳔，主要靠富含油质的肝脏维持浮力，肝脏的重量可达体重的四分之一。

铠甲虾
大王蟹
海参
须腕动物
海蜘蛛
三足鱼
绵鳚
玻璃海绵
深海贻贝

深海贻贝 壳宽可至 30 厘米

深海热泉附近的主要族群之一。附着在热泉附近岩礁底床缝隙中，靠滤食水中生物及体内鳃中的硫化菌合成的有机物为生。

海蜘蛛 背甲 8.5 厘米，脚 35 厘米

分布在 5000 米深的海底，用细长的脚在软泥地上行走。主要以吸食软体动物的体液为生。

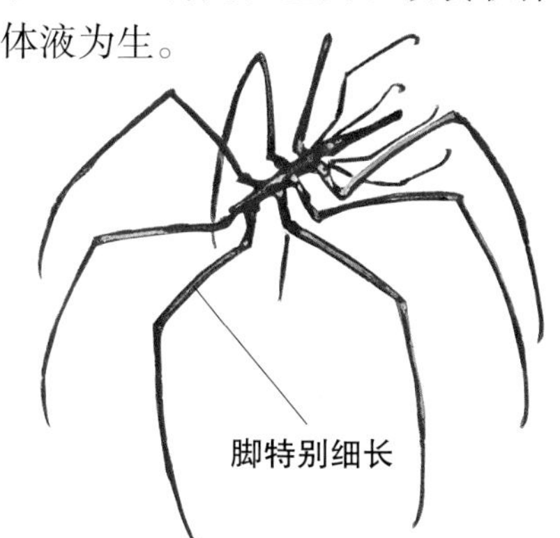

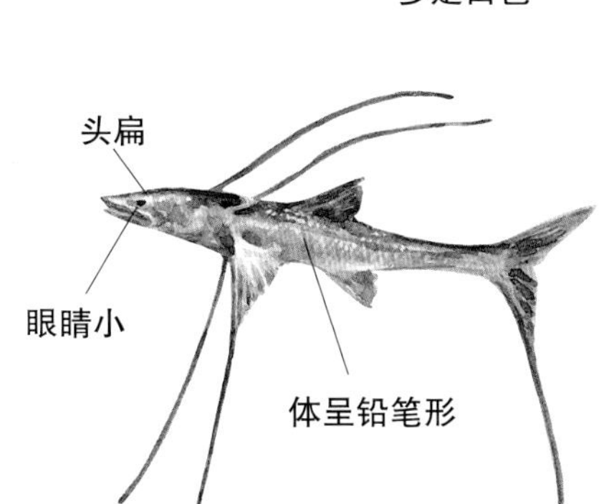

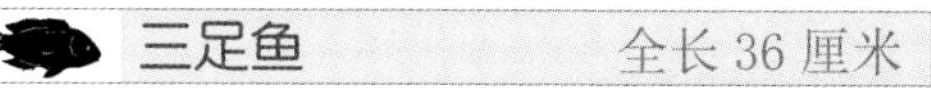

三足鱼 全长 36 厘米

以两个延长的胸鳍，外加延长的尾鳍，像三脚架一样，把身体架离海底，非常有耐心地等待猎物经过，以便捕捉。

绵鳚 全长 27 厘米

常出现在深海热泉活动旺盛的地方，特别是有须腕动物的区域。以须腕动物及小型无脊椎动物等为食。

身体灰褐色，圆筒状

光合作用与化合作用

一般生态系统是靠绿色植物吸收太阳能，进行光合作用制造养分给生物。深海因缺乏光线，照理应该没有生物可以自己合成有机物。唯深海热泉附近因有富含硫化氢的蒸气涌出，海水中硫化氢含量高，而硫化菌便进行化学合成作用，制造食物供养许多深海生物，形成一个自给自足的生态系统！

光合作用下的食物链	化合作用下的食物链
太阳	热泉
植物	硫化菌
草食性动物	须腕动物
肉食性动物	肉食性鱼类

20世纪海洋勘探的伟大发现

1977年，深海潜艇“爱文号”在南美洲西北部2500米深的海底，发现了一处人类前所未见的海洋景观——深海热泉，一座座热泉由高约10米的烟囱状管柱中喷出，水温也特别高。后来，陆续在环太平洋地区的海洋板块边缘地区也都有发现，由此新发现的生物甚至达数百种之多。

台湾岛也位于板块交界处，在2000年首度拍摄到海底热泉，这些海底热泉位于龟山岛东侧海域下1000多米深的海底，也有丰富的热泉生物生长其间。

●深海热泉位置
━板块边缘

深海热泉分布图

显微镜下的深海软泥床

整个深海海底是一片由碎屑沉积而成的软泥海床。这些软泥包含了无数动植物的残骸，若取一些放在显微镜下观察，可以看到各种类型的软泥！

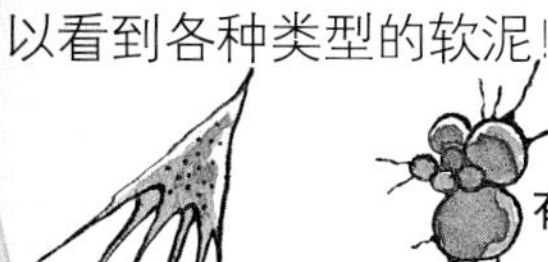

硅藻软泥

活泼讨喜的鲸豚家族

鲸豚家族常年随着海流追逐猎物，有些甚至还像候鸟般两地迁移，从热带到极地的大洋世界里都可以发现它们的踪迹。全世界共有79种，包括了小至1米的海豚，大至25米以上的蓝鲸，台湾岛附近海域就曾记录了26种之多呢！

这群海洋住客个性时而温和，时而活泼，常成群在海上戏浪，有些还能发出美妙悦耳的歌声，深深吸引航海人的心。

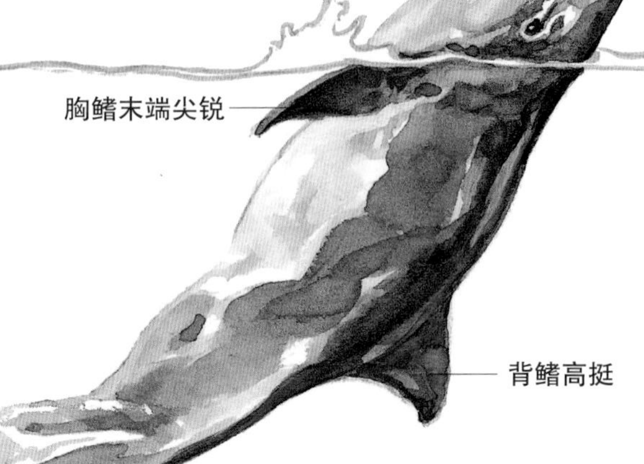

新鼠海豚 齿鲸类，长 1.2～1.9 米

会在淡水河域活动，又称“江豚”，长江流域常见，台湾岛则只在沿海附近出现。不擅长空中特技，游动或呼吸时仅微兴水波，喜欢独处或小群聚。

长吻飞旋原海豚 齿鲸类，长 1.5～2.1 米

鲸豚中最擅长空中特技者，尤以能做高空旋转出名。常成群活动，有时甚至可达 1000 只。喜欢与海豚、黄鳍鲔以及海鸟聚集活动。

无背鳍
前额浑圆
体呈浅蓝灰色
头小，嘴不明显

花纹海豚 齿鲸类，长 1.2～3.8 米

身上有许多不规则的白色刮痕——花纹，因而得名。这些刮痕是它们彼此摩擦、抚慰或争斗时遗留下来的。年纪越大，花纹越多，因此有人戏称它们是用“身体”来写下自己一辈子的日记。

头部浑圆
背鳍高且
呈钩状

鲸豚不是鱼

这群在大洋悠游的鲸豚虽然不是鱼，不过为了适应水中生活，也发展出类似鱼类的特征，例如前脚呈鳍状方便游泳，后脚则退化不见，而且还能在水中长时间憋气，不用换气。然而，鲸豚与鱼类之间还是有很多不同之处：

	鲸豚	鱼类
体表	光滑，无鳞片	覆满鳞片
背鳍	只有一个背鳍	有一个以上的背鳍
尾鳍	水平状，上下摆动	垂直状，左右摆动
耳朵	有微小的耳孔，听力绝佳	完全没有耳孔
呼吸	用肺呼吸，靠喷气孔换气	用鳃呼吸

回声定位

大多数的鲸豚都能利用“声呐”系统发出人耳听不到的声音，并靠反射回来的声波确定数百米远的物体位置，这就是所谓的“回声定位”。除了能借此了解周围环境，还具有警示作用。

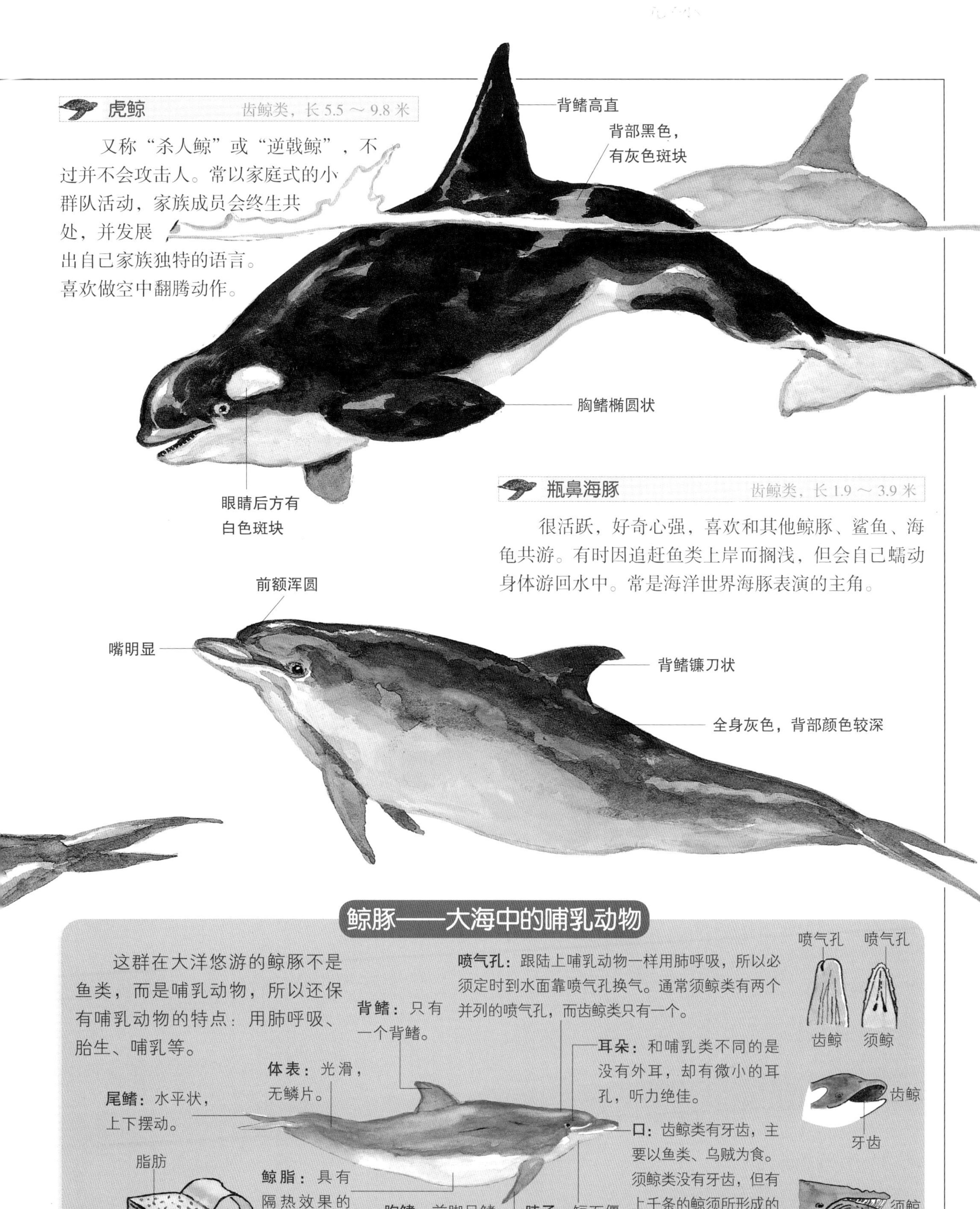

虎鲸

齿鲸类，长 5.5 ～ 9.8 米

又称“杀人鲸”或“逆戟鲸”，不过并不会攻击人。常以家庭式的小群队活动，家族成员会终生共处，并发展出自己家族独特的语言。喜欢做空中翻腾动作。

瓶鼻海豚

齿鲸类，长 1.9 ～ 3.9 米

很活跃，好奇心强，喜欢和其他鲸豚、鲨鱼、海龟共游。有时因追赶鱼类上岸而搁浅，但会自己蠕动身体游回水中。常是海洋世界海豚表演的主角。

鲸豚——大海中的哺乳动物

这群在大洋悠游的鲸豚不是鱼类，而是哺乳动物，所以还保有哺乳动物的特点：用肺呼吸、胎生、哺乳等。

背鳍：只有一个背鳍。

体表：光滑，无鳞片。

尾鳍：水平状，上下摆动。

鲸脂：具有隔热效果的厚鲸脂可以保持体温。

胸鳍：前脚呈鳍状方便游泳，后脚退化消失。

脖子：短而僵硬，有利于高速游泳。

喷气孔：跟陆上哺乳动物一样用肺呼吸，所以必须定时到水面靠喷气孔换气。通常须鲸类有两个并列的喷气孔，而齿鲸类只有一个。

耳朵：和哺乳类不同的是没有外耳，却有微小的耳孔，听力绝佳。

口：齿鲸类有牙齿，主要以鱼类、乌贼为食。须鲸类没有牙齿，但有上千条的鲸须所形成的鲸须板，能够滤食海水中的生物。

抹香鲸　齿鲸类，长可达 12 米以上

颅内有丰富的鲸脑油，可以控制身体的密度，利于潜水，所以成了最会潜水的鲸鱼，可待在水下达 2 小时之久，潜至 2200 米深处。人们除了取用其鲸脑油制造蜡烛，还取用其胃肠结石后的分泌物制作称为“龙涎香”的香料。

抹香鲸的潜水秘诀

有专家认为，抹香鲸要下潜时，经由喷气孔大量吸入的水会流入颅内网状管中，冷却鲸脑油，加重身体密度，使身体容易下潜；相反地，浮出水面时，会将水分排出，体温增高，鲸脑油溶解，身体密度也随之减少而上浮！

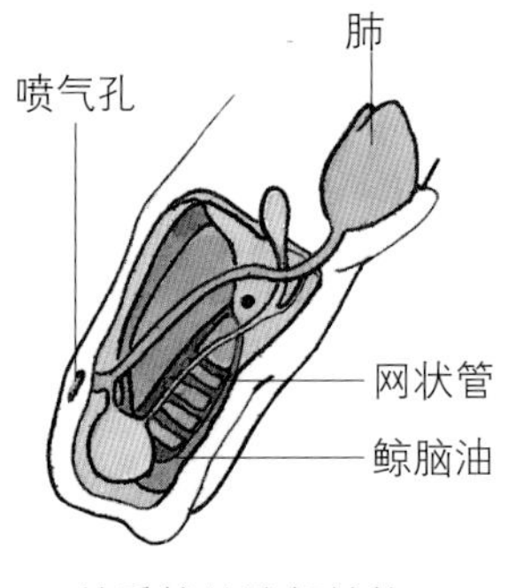

抹香鲸的脑部结构

抹香鲸的下潜步骤

❶连续吸气　❷头部开始进入水面下

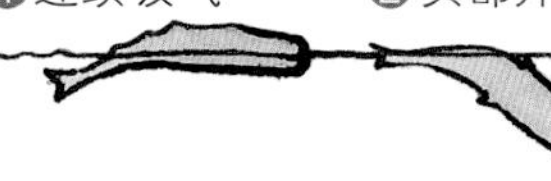

❸挺腰，竖直身体，垂直向下，此时尾巴出水。

❹朝海底垂直沉降，潜行速度每秒达1～3米。

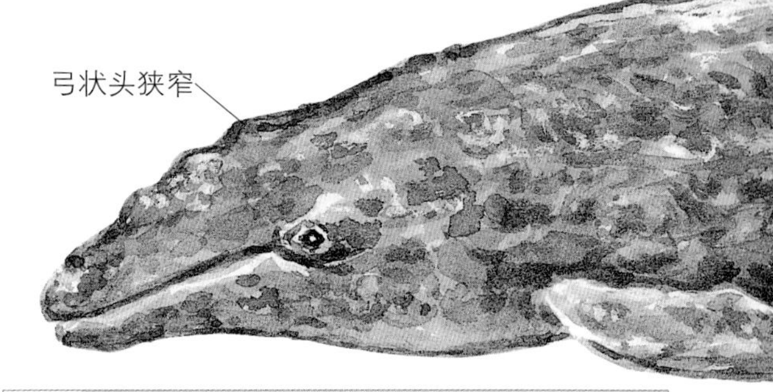

灰鲸　须鲸类，长可达 12 ～ 14 米

母鲸护子心切时，会追逐或攻击捕鲸人，所以过去捕鲸人称之为“魔鬼鱼”。其实它们是十分温和的，喜欢在深 120 米以内的浅海域底部，借由搅动海底掀起泥团，滤食富含底栖生物的沉积物，然后从鲸须间排出泥沙。

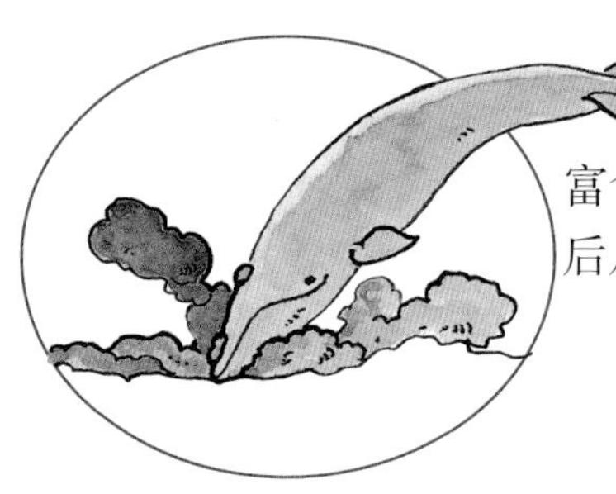
灰鲸的觅食方式

蓝鲸　须鲸类，体长最大为 33 米

地球上最大的动物，体色呈蓝灰色，故得名。成鲸很少跳离水面，但幼鲸会以 45° 仰角跃出水面，然后以腹部或体侧回落。因严重滥捕，已濒临灭绝危机！

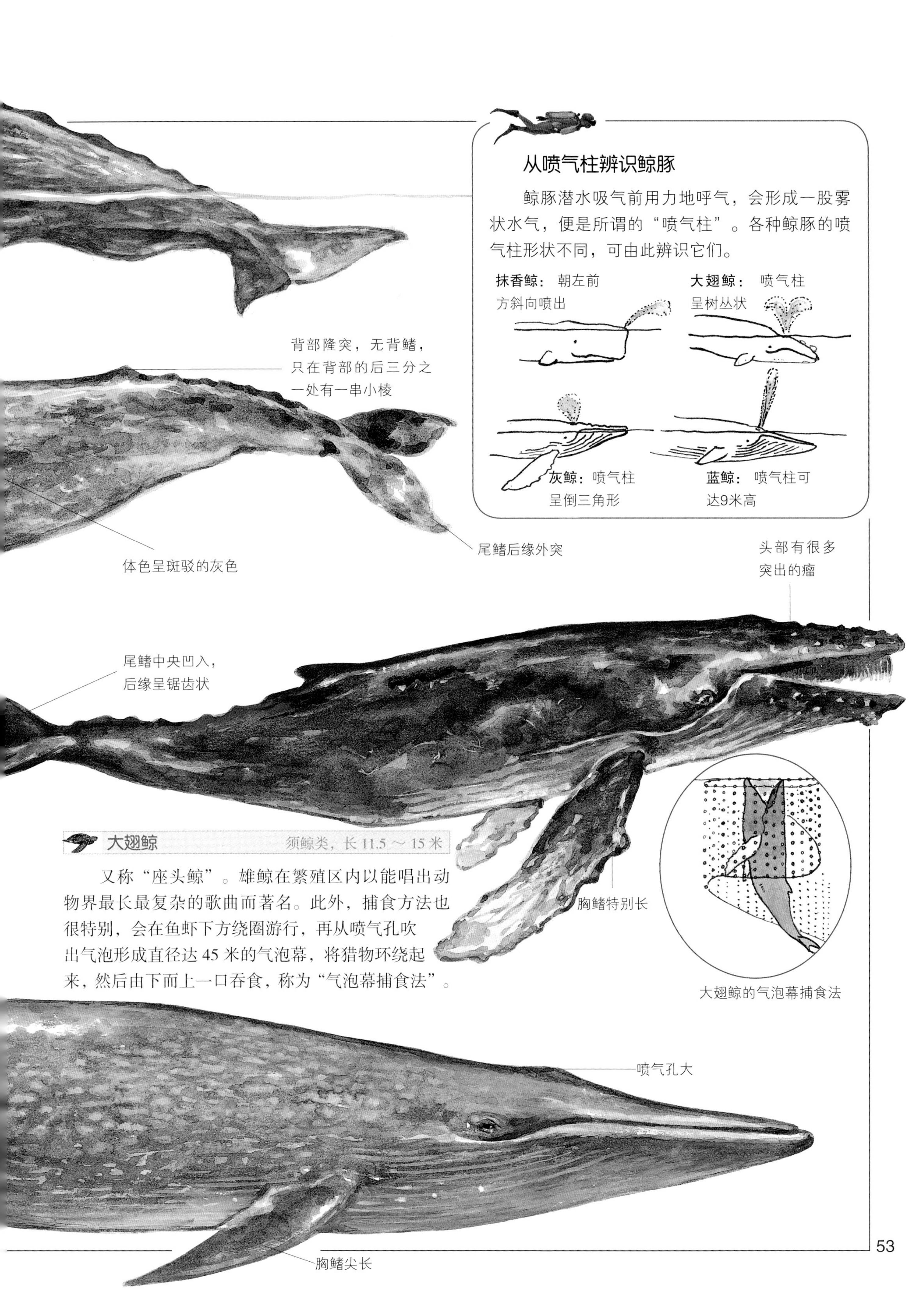

从喷气柱辨识鲸豚
鲸豚潜水吸气前用力地呼气，会形成一股雾状水气，便是所谓的“喷气柱”。各种鲸豚的喷气柱形状不同，可由此辨识它们。
抹香鲸：朝左前方斜向喷出
大翅鲸：喷气柱呈树丛状
灰鲸：喷气柱呈倒三角形
蓝鲸：喷气柱可达9米高
背部隆突，无背鳍，只在背部的后三分之一处有一串小棱
尾鳍后缘外突
体色呈斑驳的灰色
头部有很多突出的瘤
尾鳍中央凹入，后缘呈锯齿状
胸鳍特别长
大翅鲸的气泡幕捕食法
喷气孔大
胸鳍尖长

大翅鲸 须鲸类，长 11.5 ～ 15 米

又称“座头鲸”。雄鲸在繁殖区内以能唱出动物界最长最复杂的歌曲而著名。此外，捕食方法也很特别，会在鱼虾下方绕圈游行，再从喷气孔吹出气泡形成直径达 45 米的气泡幕，将猎物环绕起来，然后由下而上一口吞食，称为“气泡幕捕食法”。

揭开海龙宫奥秘的人

地球这颗美丽的蓝色星球，有70%都属于海龙宫，这片广大的疆域和外太空一样奥妙，存在许多谜团等待海洋学家一一揭开！

海洋学家，就像侦探一般，将研究的触角伸向神秘的海域。有的努力建立海洋住客的基本档案；有的探索海龙宫里的地形变化；有的追踪生物族群的改变，为濒临灭绝危机的住客“请命”；有的进一步研究海洋资源利用的潜力，甚至提供规划利用海洋资源的蓝图，努力为下一代保留住这座美丽、丰硕的自然宝库！

这群海洋侦探究竟拥有哪些特殊的工具和方法呢？一起来看看吧！

海洋侦探的基本工具

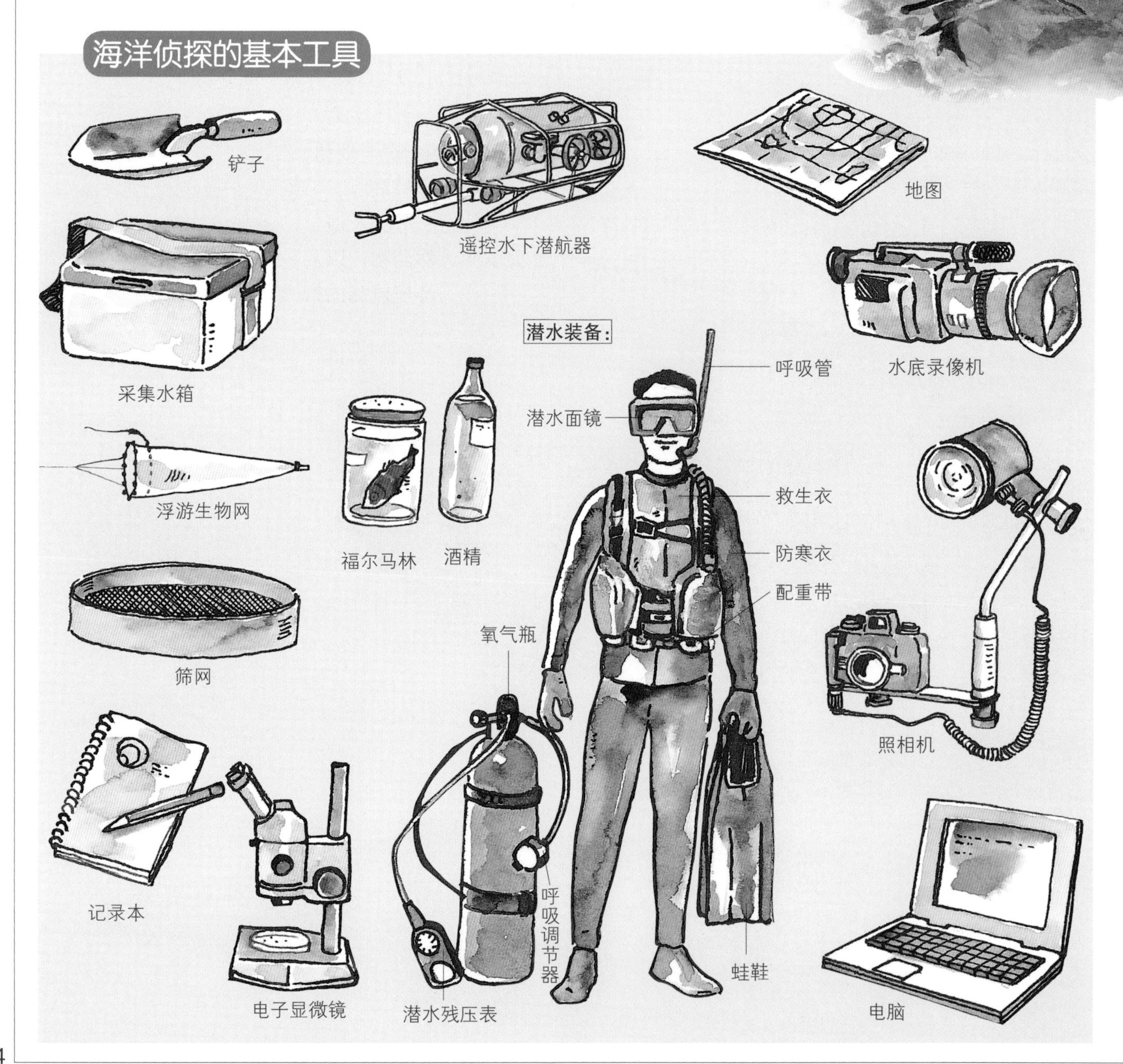

方法 *1*

海洋生物采集

可分为底栖生物、浮游生物及一般海洋生物的采集。底栖生物主要用底拖网或采泥器来采样；浮游生物则是用浮游生物网来捕捞；一般的海洋生物则需利用各种网具、钓具来捕捞，底拖网是最常用的网具。

方法 *2*

潜水观察

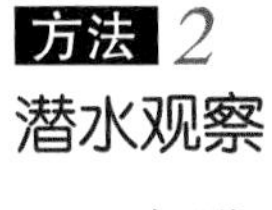

为进一步观察记录海底地形、底质及生物活动的状况，就必须有人亲自潜下海，或是利用潜水艇、潜水钟及遥控的水下潜航器深入其境加以观察，并用水底照相机或录像机加以记录。有时潜航器上还装有机械手臂，可以采集标本。

方法 *3*

标本制作及鉴定

采集的标本，可用福尔马林、酒精固定、保存，或加以冷藏带回实验室，进一步进行形态观察及分类鉴定，或做生物化学或分子生物方面的研究。研究过的标本必须妥善予以编目、固定、保存。

方法 *4*

生物科技研究方法

人们研究生物体内的DNA（脱氧核糖核酸），了解海洋生物的生态、分类及演化，或是借此发明天然药物，以及利用海洋生物作为环境监测的指标。

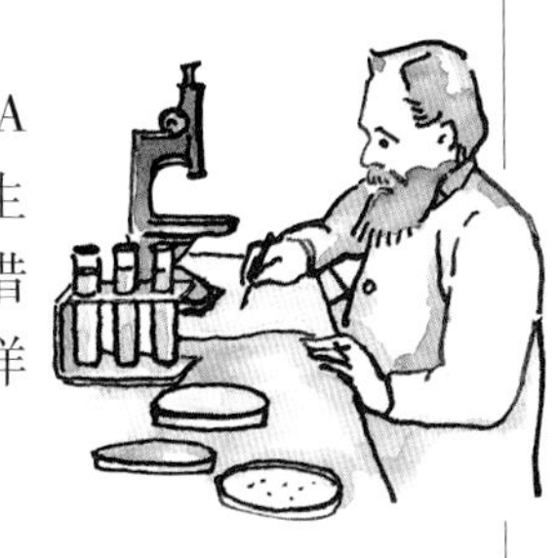

温盐仪

方法 *5*

海水特性调查

利用温盐仪搜集不同深度的海水样品，测量海水温度、压力、导电度、盐度和密度。

方法 *6*

海底地形调查

以海图及卫星定位方法确定位置，并用测深仪记录水深、海底地形，或是利用声呐探测仪探测海底底质。

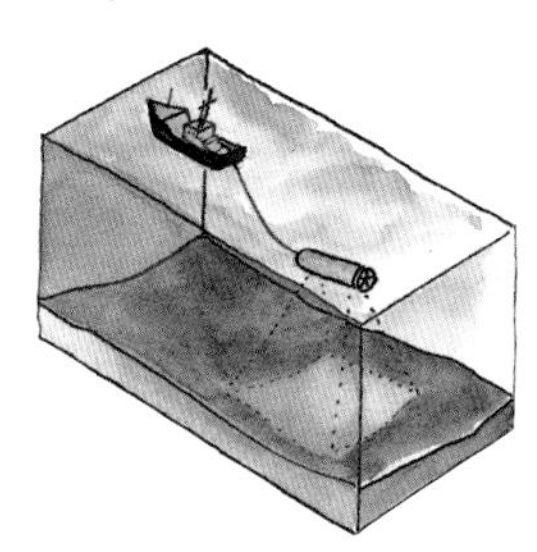

方法 *7*

海流调查

利用海流仪螺旋桨旋转的快慢，换算出海流的速度，或在海面上释放浮球收集海流变化的资料。

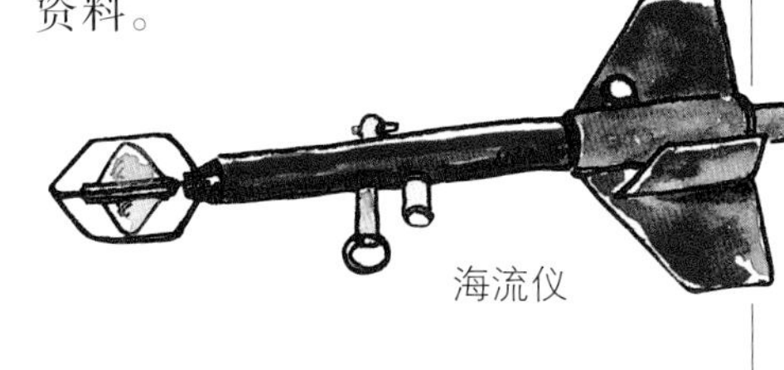

海流仪

方法 *8*

电脑分析、建档

将庞大的调查资料储存在电脑中，并利用电脑软件来做运算、模拟及教学展示。近年来互联网的发展，甚至还能将研究的资料输入电脑资料库中，上网供查询使用。

方法 *9*

保护工作

进行解说活动、演讲，或在大众媒体发表文章，将海洋的珍贵与存在的危机呈现给一般的民众及相关单位，呼吁全民一起保护海洋资源。

东深西浅的海龙宫

从外太空看，地球是颗相当美丽的蓝色星球。这是太阳系中唯一有液态水的星球，这些海水构成了广大的海洋版图，主要分为四大洋：太平洋、大西洋、印度洋和北冰洋。中国是位于亚洲东部、太平洋西岸的一个海陆复合型国家，海岸线长达18000公里，东临太平洋，四周有众多岛屿和港湾，如台湾岛、海南岛、崇明岛等！不过，若是将海水抽干（当然是不可能的），那可就更精彩了，一起来看看吧！

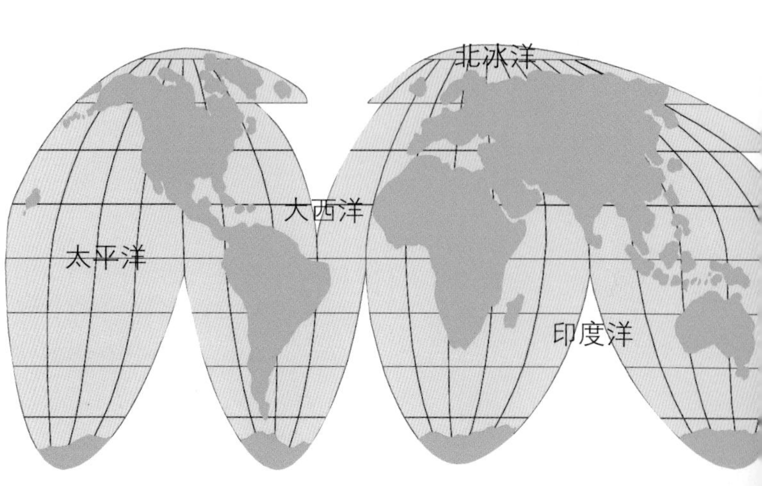

起伏变化的海龙宫地形

以台湾岛为例

台湾岛位处欧亚大陆板块和菲律宾海板块的交界，东西部海底地形的差异很大。西部及北部的海底平均深度只有60米左右，地形平缓，底质除澎湖岛为火山喷出的玄武岩地质外，其余皆为砂质。南部海岸渐陡，可达3000米，而且继续往南还可以连接到世界最深的马里亚纳海沟。绕过南部，整个东部海岸则显得相当陡峭，深度可达4000米以上。琉球海沟就深达6350米，令人叹为观止！

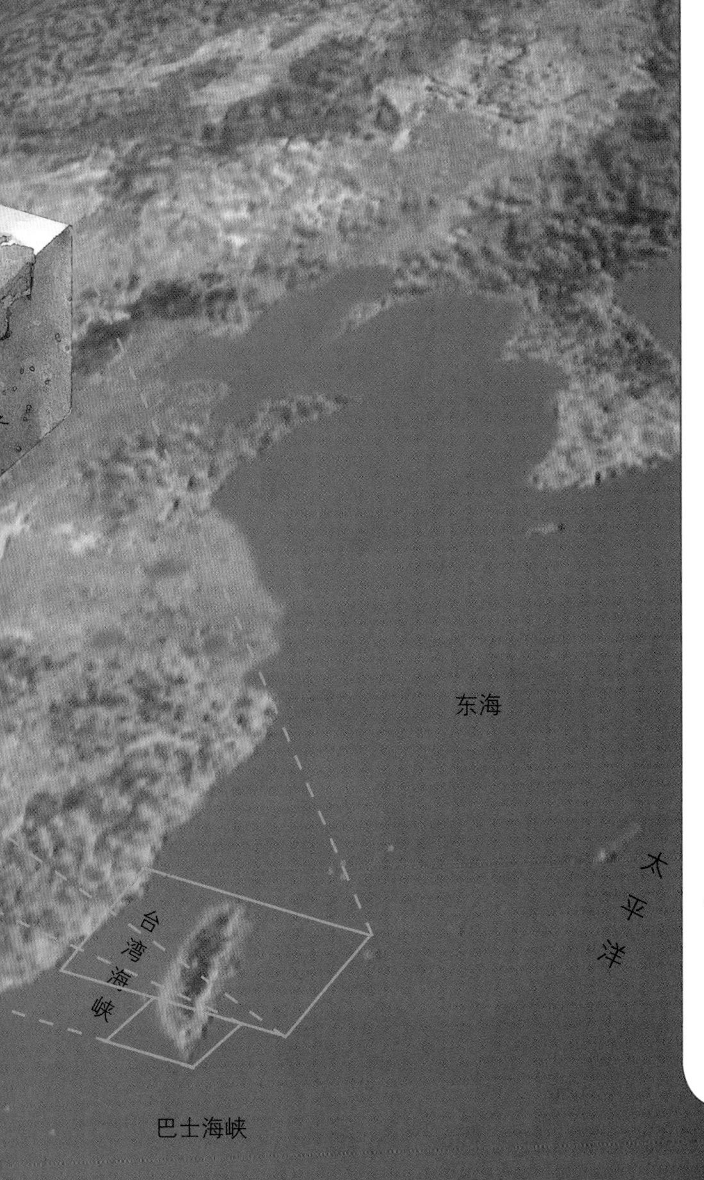

海龙宫里的海水

世界各地的海龙宫里充满了海水，总体积有14×10^{12}吨之多。这些海水就像陆地上的空气一样，没有了它们，许许多多的海龙宫住客便无法生存，而且也因为这些海水，海龙宫世界便成了一个不同于陆地的独特生存空间呢！

蓝色的海水

阳光照射海面，依角度不同而有3%～30%的光反射回来。海水呈蓝色是因为除了反射蓝色光以外，其他颜色的光都被吸收或散射了，其中红光是第一个被吸收的光。在悬浮物多的海域，因为光线散射的关系，海水可能呈绿色或黄褐色。

咸咸的海水

一升的海水中，除了水以外，还有35克的盐类物质，其中又以俗称盐的氯化钠物质最多，所以海水尝起来才会觉得咸咸的。这些盐类物质是因为海水形成时，地壳中的岩石成分溶于水中而来的。

盐类

水

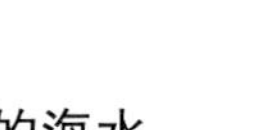

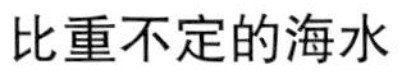

比重不定的海水

水的比重和温度有很特别的关系。一般的液体变成固体时比重会增加，但水的变化却不是这样。水通常在4℃时的比重最大，结成冰后反而比重减小，这也是为什么冰山都可以漂浮于水面上的原因。此外，海底下的水团也因温度、盐度不同而有不同的比重，因此造成上升或沉降的现象，形成深海海流，带动海洋的循环活动。

海洋对沿海地区的影响

海水受风、天体引力及地球自转的影响，整天不停地运动着。这一运动主要分为3种方式：波浪、潮汐和海流。它们日夜不停地影响着沿海地区的环境。其中，波浪是塑造多样、奇特的海岸地形最大的功臣；潮汐带走河川、海港的垃圾，并加速沿海污染物的扩散，减少毒害；海流为沿海地区带来丰富的渔获，并对气候造成相当大的影响呢！

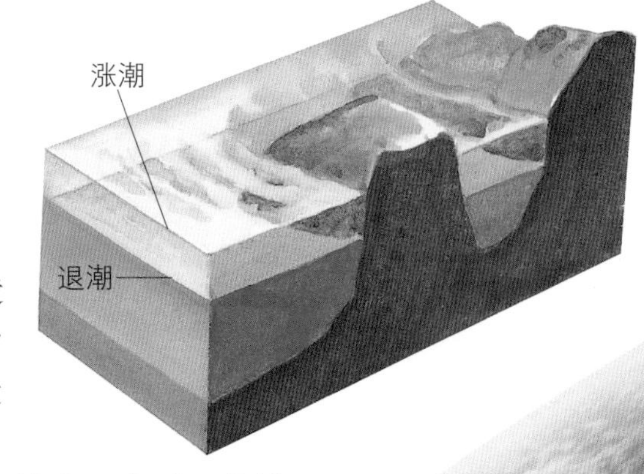

波浪——海岸雕刻师

俗话说“无风不起浪”，可知波浪是“风”作用下的产物。

海浪碰到海岸，就会破碎，溅起无数的泡沫和水珠，形成浪花。这些海浪终年不停地拍击海岸，塑造了各式各样的海岸地形，是天生的海岸雕刻师。

潮汐——大自然的定时钟

月球和太阳对地球的引力造成大海海水规律性的升降，称为“潮汐”，其中又以离地球最近的月球影响最大。

同一地区潮水一次涨退时间约为12小时24分钟，一天会有两次涨退现象，共需24小时48分钟，与月亮的周期相同，因此渔民习惯用农历计算涨退潮。然而，对于住在潮间带的生物来说，潮汐便是最好的定时钟，随着海水涨退，开始一天的作息！

大潮和小潮

潮水涨退的量都受引力影响。新月和满月时，太阳和月亮合起来的引力最大，形成最大涨退潮量，称为“大潮”。上弦月和下弦月时，太阳引力和月亮引力方向垂直，互相牵制，涨退潮量最小，称为“小潮”。

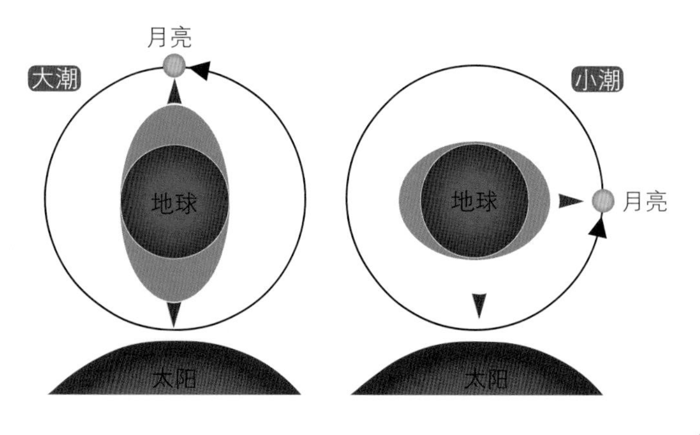

中国

南海水团

来自南海的温暖海流，随着西南季风沿台湾海峡北上进入东海；直到冬天来临，中国沿岸流开始南下，才将此水团推回去。

大海的河川

海流就像大海里的河川，运送营养盐、氧气、热能和生物，形成一个大运输带。海流主要分为表层海流和深层海流。前者为表层水团水平的移动，是赤道温暖的水团和南北极冰冷的水团交换的重要方式，具有交换生物资源及调节气候的功能。深层海流则为深层水团垂直的移动，会将表层富含的营养盐及氧气带到深海，是深海补充氧气、营养盐重要的来源。

涌升流

台湾岛北部的澎佳屿以及台东的成功港，因流经的日本暖流碰到大陆架后在此涌升，形成了所谓的“涌升流”。这些深冷且营养盐丰富的深层水团被带到表层后，由于富含高营养盐，使得大量浮游生物繁殖，吸引鱼群吃食，所以成了重要的渔场。

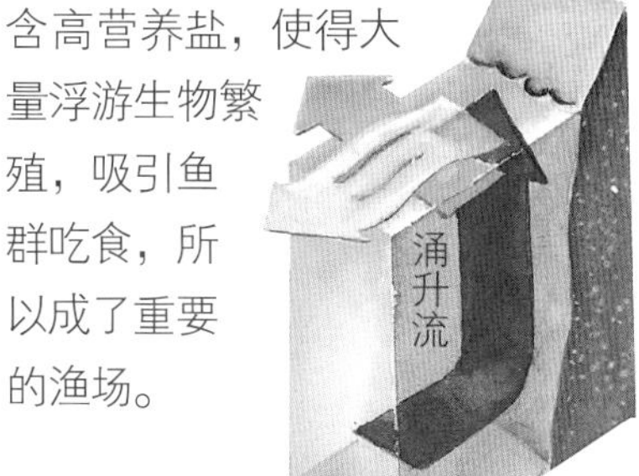

海流——带来丰富渔获

以台湾岛为例，其四周有日本暖流、中国沿岸流和南海水团这三个表层海流流经。随着季节的变化，这些海流为台湾岛的渔民带来各式各样的渔获；其中又以日本暖流带来的资源最为丰富！

韩国

日本

台湾岛

中国沿岸流

来自中国北部沿岸的冷水团。冬季时因东北季风助长，使此流可以流至南海。夏季时，则因西南季风的抵消而无法流入台湾海峡。

日本暖流

来自菲律宾东北海域的温暖海流，营养盐相当丰富。终年沿着台湾岛东部北上，经东海后便转向东北流经日本南端。透明度低，从空中看来深蓝近于黑色，故又名“黑潮”。

冬季

东北季风盛行，北方冰冷的中国沿岸流顺风流入台湾海峡北部。台湾岛东部仍有日本暖流，不过南部则有日本暖流支流流经，并与中国沿岸流在澎湖附近汇合一起流入南海。

夏季

西南季风盛行，台湾岛西岸有南海水团流进台湾海峡，东岸则是日本暖流。

海洋资源的应用

中国是个海陆兼备的国家，海洋资源相当丰富，自古至今这片汪洋便提供了丰富的渔获，从早期的在岸边捡捉虾蟹，船舶和渔网发明后的出海捕鱼，一直到近年来的海洋牧场养殖，各式各样的渔业活动在此不曾停歇！近年来，海洋生态旅游和渔业观光逐渐兴起，甚至医学、生活等领域也开始向海洋取材，海洋资源的应用显得更加多元化。

应用 *1*

传统渔业

人们开始出海捕鱼后，从传统笨重的麻绳网具、简单的渔船，一直到现在质轻、防水且坚韧的尼龙绳网具，渔船建造技术更加精良。围网、流刺网、地曳网捕鱼等各种捕鱼法也一一发展出来。

应用 *2*

海洋生态旅游或渔业观光

赏鲸、海钓、浮潜、牵罟等，各种休闲渔船及海洋观光活动带来的收益，比传统渔业更有潜力，近年来已成为相当热门的新兴旅游活动。

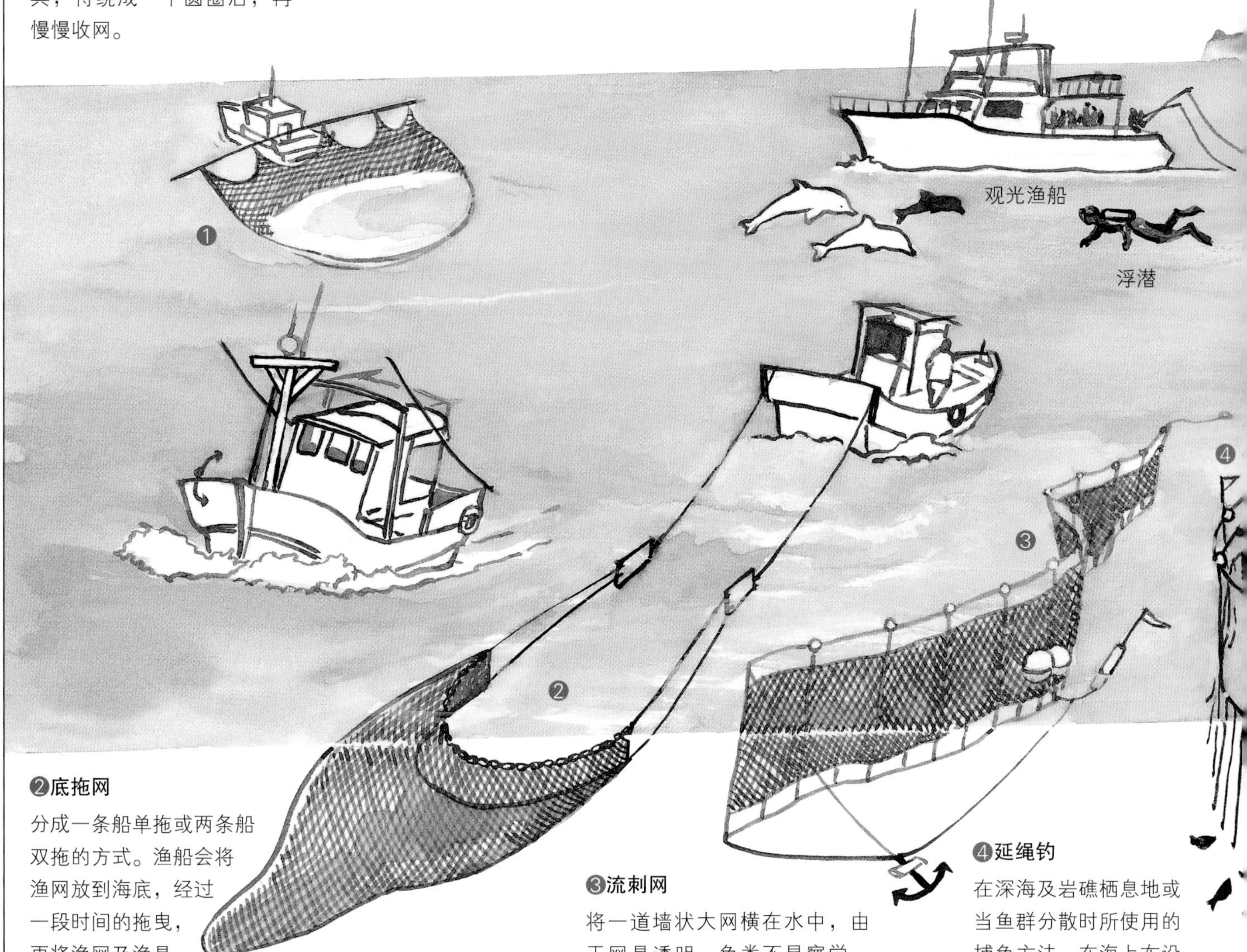

❶围网

当渔船利用渔探仪发现在海洋中表水层的鱼群后，就会开始在鱼群的外围布设网具，待绕成一个圆圈后，再慢慢收网。

观光渔船

浮潜

❷底拖网

分成一条船单拖或两条船双拖的方式。渔船会将渔网放到海底，经过一段时间的拖曳，再将渔网及渔具收起。这种捕鱼方法对底栖生物栖息环境破坏性很大，所以受到国际保护团体关注。

❸流刺网

将一道墙状大网横在水中，由于网具透明，鱼类不易察觉，快速游泳时头部容易插入网孔中，鳃盖刺或背鳍棘就卡在网上，越挣扎缠得越紧。

❹延绳钓

在深海及岩礁栖息地或当鱼群分散时所使用的捕鱼方法。在海上布设长达百米以上的杆绳，每隔一段距离再连结一条垂下的钓绳。

应用 *3*

海洋生物科技

丰富多样的海洋生物含有许多天然化合物，可开发利用在医药及日常用品上，如海绵体内可提炼出抗癌或杀虫剂的成分，鸡心螺（一种贝类）所含的毒可替代吗啡当止痛剂。

❺石沪

在海边排石头，涨潮时鱼儿自行游入，退潮时便被困在沪中，即可轻易捕捉。

❻待袋网

在河口利用网具排成箭形，让鱼沿着袖网游入袋网中，鱼被困住后再进行捕捉。

❼地曳网

一种古老的捕鱼法，俗称“牵罟”，现多半被利用为观光渔业的一种。将网具一端放置岸上，再由渔船把网具以椭圆形方式布设到海上后，另一端送回岸边，再用人力把网拖回岸边，以捕捉在沙泥地活动的沿岸鱼类。

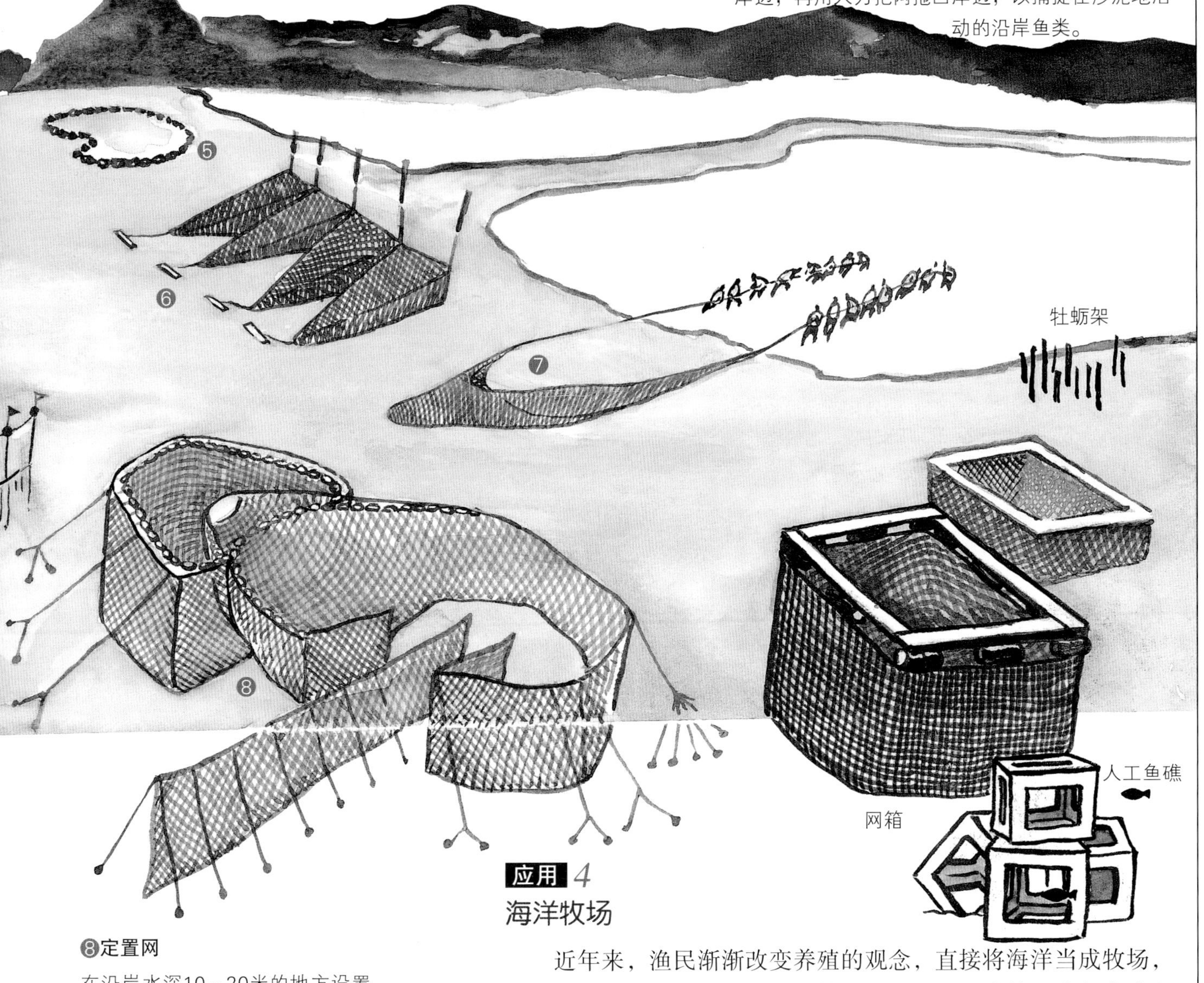

❽定置网

在沿岸水深10～20米的地方设置各种大型“陷阱”，捕捉旗鱼、飞鱼、鲔鱼等大洋性洄游鱼类。

应用 *4*

海洋牧场

近年来，渔民渐渐改变养殖的观念，直接将海洋当成牧场，借由人工鱼礁、牡蛎架、网箱等设施，在沿海放养经济鱼类或文蛤、牡蛎等，或是塑造类似自然的栖息地，吸引海洋生物过来居住，增加当地生物资源。

SOS！救救海洋！

近年来人口快速增长，加上现代科技的进步，海洋已面临 5 个主要的危机——环境污染、过度捕捞、全球气候变化、外来物种引进、海岸过度开发。在这些危机威胁下，海洋发出了求救的讯号，自然资源日益枯竭，渔民捕不到鱼，连渔获的体型也一天比一天来得小，整个海洋生态严重改变，现在就让我们一一来了解这5种危机带来什么样的冲击！

珊瑚

海水越来越温暖，超过我们适合生长的温度，使得共生藻离开了我们，身上美丽的颜色因此消失。

SOS 1 环境污染

来自家庭、农田、养殖业及工厂排放的污染物质，经由河川直接排放到海里，造成河口及沿岸大量生物急性死亡。而且就算鱼虾侥幸存活，这些毒物也会累积在生物体内，人类长期食用，也会造成不良影响。

绿牡蛎、西施舌

我们以海岸为家，靠滤食沙泥中的生物为生，不知不觉吃了有毒物质，慢慢地中毒变色，好可怕喔！

海龟

人们滥捡沙滩上的海龟蛋，没有了下一代，数量当然减少了！

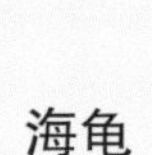

日本鳀

我们每年有许多小鱼被底拖网或捕鲂仔鱼的渔民捕捞，来不及长大！

SOS 2 过度捕捞

人口膨胀，对渔获的需求越来越大，长期过度捕捞，水产资源没法及时补充，许多鱼类的数量越来越少，甚至灭绝。更糟的是一些不肖的渔民，非法用毒鱼、电鱼和炸鱼等方法，不分大小、种类捕捞鱼类，将鱼赶尽杀绝。

鲎

每次上岸就得等到下次涨潮时才能回到海里，很难躲过人们的捕捉，加上近年来海水被污染，所以族群数量越来越少！

热带鱼

人们喜欢我们身上五彩的颜色，不仅捕捉我们，还引进外国品种，有的跑到我们的栖息地，抢了我们的地盘，让我们无法生存下去了！

SOS 3 全球气候变化

人们排放了过多的二氧化碳，造成温室效应，使得全球气候异常。

1998～1999年间，专家调查发现海水平均温度上升了2℃，全球珊瑚因而大量白化。此外，氟氯碳化物使用过度也使得臭氧层产生空洞，紫外线增加，对浮游生物和幼苗也造成伤害。

许多幼苗

紫外线的增多，破坏了身体组织，让我们无法健康地成长。

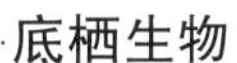

底栖生物

人们在海边兴建各种工程，滩地环境改变，我们这群喜欢在沙泥地上钻洞生存的小生物，渐渐找不到家了。

文蛤

雨季时，从上游冲刷下来的大量泥沙，原本应该带来丰富的有机质，没想到其中累积的有毒物质更多。

字纹弓蟹

由于河川拦沙坝、水库阻隔，我们渐渐找不到路回到海边产卵。

SOS 4 外来物种引进

许多海洋生物的卵和幼苗会随着渔船或水产养殖、水族观光业者的引进，散布到世界各地。这些无意或有意的引进，对当地海洋生物种类组成造成影响。

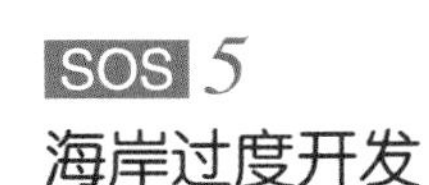

SOS 5 海岸过度开发

人类不断填海造地，兴建海岸工程，不但破坏了海岸生物的栖息环境，有时还会设计不当，忽略当地海流和波浪的威力，不但兴建的堤防、港口无法使用，甚至还会在台风过境时，严重受损，劳民伤财。

鲸豚

体积如此庞大的我们，却也被流刺网“一网打尽”，造成族群数量锐减！

图书在版编目 (CIP) 数据

搜奇海龙宫 / 邵广昭，陈丽淑著；张舒钦绘 .—福州：福建科学技术出版社，2017.10（2021.4 重印）
（我的自然生态图书馆）
ISBN 978-7-5335-5261-9

Ⅰ.①搜… Ⅱ.①邵… ②陈… ③张… Ⅲ.①海洋－儿童读物 Ⅳ.① P7-49

中国版本图书馆 CIP 数据核字（2017）第 040807 号

书　　名　搜奇海龙宫
　　　　　我的自然生态图书馆
著　　者　邵广昭 陈丽淑
绘　　者　张舒钦
出版发行　海峡出版发行集团
　　　　　福建科学技术出版社
社　　址　福州市东水路76号（邮编350001）
网　　址　www.fjstp.com
经　　销　福建新华发行（集团）有限责任公司
印　　刷　当纳利（广东）印务有限公司
开　　本　889毫米×1194毫米　1/16
印　　张　4
图　　文　64码
版　　次　2017年10月第1版
印　　次　2021年4月第2次印刷
书　　号　ISBN 978-7-5335-5261-9
定　　价　45.00元